国家高技能人才培训基地系列教材
编 委 会

主　编：叶军峰

编　委：郑红辉　黄丹凤　苏国辉

唐保良　李娉婷　梁宇滔

汤伟文　吴丽锋　蒋　婷

国家高技能人才培训基地系列教材

传感器、触摸屏 与变频器应用

CHUANGANQI CHUMOPING
YU BIANPINQI YINGYONG

主　编 ◎ 杨洪明

参　编 ◎ 陆志强　苏国辉

暨南大学出版社
JINAN UNIVERSITY PRESS

中国·广州

图书在版编目（CIP）数据

传感器、触摸屏与变频器应用/杨洪明主编．—广州：暨南大学出版社，2017.4（2023.7
重印）
（国家高技能人才培训基地系列教材）
ISBN 978 - 7 - 5668 - 1962 - 8

Ⅰ．传…　Ⅱ．①杨…　Ⅲ．①传感器—高等职业教育—教材②触摸屏—高等职业教育—
教材③变频器—高等职业教育—教材　Ⅳ．①TP212　②TP334.1　③TM773

中国版本图书馆 CIP 数据核字（2016）第 248176 号

传感器、触摸屏与变频器应用
CHUANGANQI CHUMOPING YU BIANPINQI YINGYONG
主　编：杨洪明

出 版 人　张晋升
责任编辑：李倬吟
责任校对：黄　颖
责任印制：周一丹　郑玉婷

出版发行：暨南大学出版社（511443）
电　　话：总编室（8620）37332601
　　　　　营销部（8620）37332680　37332681　37332682　37332683
传　　真：（8620）37332660（办公室）　　37332684（营销部）
网　　址：http://www.jnupress.com
排　　版：广州市新晨文化发展有限公司
印　　刷：广东虎彩云印刷有限公司
开　　本：787mm×1092mm　1/16
印　　张：12.25
字　　数：268 千
版　　次：2017 年 4 月第 1 版
印　　次：2023 年 7 月第 3 次
定　　价：33.00 元

总　序

　　国家高技能人才培训基地项目，是适应国家、省、市产业升级和结构调整的社会经济转型需要，抓住现代制造业、现代服务业升级和繁荣文化艺术的历史机遇，积极开展社会职业培训和技术服务的一项国家级重点培养技能型人才项目。2014 年，广州市轻工技师学院正式启动国家高技能人才培训基地建设项目，此项目以机电一体化、数控技术应用、旅游与酒店管理、美术设计与制作 4 个重点建设专业为载体，构建完善的高技能人才培训体系，形成规模化培训示范效应，提炼培训基地建设工作经验。

　　教材的编写是高技能人才培训体系建设及开展培训的重点建设内容，本系列教材共 14本，分别如下：

　　机电类：《电工电子技术》《可编程序控制系统设计师》《可编程序控制器及应用》《传感器、触摸屏与变频器应用》。

　　制造类：《加工中心三轴及多轴加工》《数控车床及车铣复合车削中心加工》《Solid-Works 2014 基础实例教程》《注射模具设计与制造》《机床维护与保养》。

　　商贸类：《初级调酒师》《插花技艺》《客房服务员（中级）》《餐厅服务员（高级）》。

　　艺术类：《广彩瓷工艺技法》。

　　本系列教材由广州市轻工技师学院一批专业水平高、社会培训经验丰富、课程研发能力强的骨干教师负责编写，并邀请企业、行业资深培训专家，院校专家进行专业评审。本系列教材的编写秉承学院"独具匠心"的校训精神、"崇匠务实，立心求真"的办学理念，依托校企合作平台，引入企业先进培训理念，组织骨干教师深入企业实地考察、访谈和调研，多次召开研讨会，对行业高技能人才培养模式、培养目标、职业能力和课程设置进行清晰定位，根据工作任务和工作过程设计学习情境，进行教材内容的编写，实现了培训内容与企业工作任务的对接，满足高技能人才培养、培训的需求。

　　本系列教材编写过程中，得到了企业、行业、院校专家的支持和指导，在此，表示衷心的感谢！教材中如有错漏之处，恳请读者指正，以便有机会修订时能进一步完善。

广州市轻工技师学院

国家高技能人才培训基地系列教材编委会

2016 年 10 月

前　言

随着科技水平不断提高，机电一体化控制技术已经进入社会各个领域，其中传感器、触摸屏与变频器技术成为机电、电气专业人员必须掌握的控制技术，目前企业需要大量具备这些技能的人才。为了解决人才需求的问题，很多企业加强对员工的培训工作，通过培训提高员工的技能水平及综合素质。为此，我们针对机电专业培训的要求编写了这本教材。

本教材可用于机电行业及相关企业员工培训，也可用于机电类及其他相关专业课程教学。

本教材共分3个模块，共13个任务。模块1是传感器应用，共有7个任务。模块2是触摸屏应用，共有2个任务。模块3是变频器应用，共有4个任务。

本教材采用任务引领编写模式，把各模块的知识点融入每个任务中。通过任务名称、任务描述、任务要求、能力目标、任务准备、任务计划、任务实施、任务评价等环节，旨在培养学生的应用能力和实践技能。

本教材由广州市轻工技师学院杨洪明主编，陆志强、苏国辉参编。

由于编者水平有限，书中难免会有错误及不当之处，欢迎读者及同行予以指正。

编　者

2016 年 10 月

目 录
▶▶ CONTENTS

传感器应用

任务 1　接近开关、 光电传感器及光纤传感器在分拣机构中的应用

一、任务名称

接近开关、光电传感器及光纤传感器在分拣机构中的应用。

二、任务描述

一套采用金属、白色塑料、蓝色塑料三种材料制成的圆形物件，分别放置在环形皮带传送机构上，用磁性接近开关、光电传感器及光纤传感器进行自动分拣，拣出不同的物件，并利用推出气缸推至指定位置，在分拣机构的装置上分别安装磁性接近开关、光电传感器及光纤传感器，设计其位置装配图、传感器与 PLC 连接的接线图，并对安装的传感器进行位置调整和物件信号测试识别（利用 PLC 的输入信号指示灯作信号测试识别）。

三、任务要求

（1）理解接近开关、光电传感器及光纤传感器的工作原理和应用范围。

（2）熟悉接近开关、光电传感器及光纤传感器的结构类型与特点。

（3）各小组发挥团队合作精神，共同设计出分拣机构各传感器的装配图以及与 PLC 连接的接线图。

（4）各小组根据设计的装配图和接线图，在分拣机构不同位置上分别安装接近开关、光电传感器及光纤传感器。

四、能力目标

（1）能根据控制要求的描述，弄清各种传感器的原理、型号和接线方法。

（2）能根据控制要求的描述，以小组合作的方式合理设计出传感器装配图和接线图。

（3）能根据控制要求的描述，以小组合作的方式对安装的传感器进行位置调整、接线和分拣信号测试。

（4）能描述各传感器在分拣机构中的作用。

五、任务准备

传感器用于感知外部信息与检测位置、颜色等信息，并且把相应的信号输入 PLC 等控制器进行处理，生产线分拣机构中常见的传感器有以下几种。

1. 磁性接近开关

分拣机构的推动气缸都是带磁性接近开关的气缸。这些气缸的缸筒采用导磁性弱、隔磁性强的材料，如硬铝、不锈钢等。在非磁性体的活塞上安装一个永久磁铁的磁环，这样就提供了一个反映气缸活塞位置的磁场。而安装在气缸外侧的磁性接近开关则

图 1-1 磁性接近开关

是用来检测气缸活塞位置，即检测活塞的运动行程的。触点式的磁性接近开关用舌簧开关作为磁场检测元件。舌簧开关成型于合成树脂块内，并且一般还有动作指示灯、过电压保护电路也塑封在内。图 1-1 是磁性接近开关实物图，图 1-2 是磁性接近开关气缸的工作原理图。当气缸中随活塞移动的磁环靠近开关时，舌簧开关的两根簧片被磁化而相互吸引，触点闭合；当磁环移开开关后，簧片失磁，触点断开。触点闭合或断开时发出电控信号，在 PLC 的自动控制中可以利用该信号判断推料及顶料缸的运动状态或所处的位置，以确定工件是否被推出或气缸是否返回。

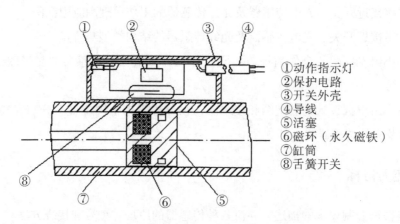

①动作指示灯
②保护电路
③开关外壳
④导线
⑤活塞
⑥磁环（永久磁铁）
⑦缸筒
⑧舌簧开关

图 1-2 磁性接近开关气缸的工作原理图

在磁性接近开关上设置的 LED 显示用于显示其信号状态，供调试时使用。磁性接近开关动作时，输出信号"1"，LED 亮；磁性接近开关不动作时，输出信号"0"，LED 不亮。

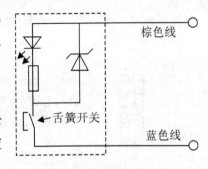

图 1-3　磁性接近开关内部电路

磁性接近开关的安装位置可以调整，调整方法是松开固定螺栓，让磁性接近开关顺着气缸滑动，到达指定位置后，再旋紧固定螺栓。

磁性接近开关有蓝色和棕色两根引出线，使用时蓝色引出线应连接到 PLC 输入公共端，棕色引出线应连接到 PLC 的对应输入信号端。磁性接近开关的内部电路如图 1-3 中虚线框内所示。

2. 电感式接近开关

电感式接近开关是利用电涡流效应制造的传感器。电涡流效应是指当金属物体处于一个交变磁场中，在金属内部会产生交变的电涡流，该涡流又会反作用于产生它的磁场的一种物理效应。如果这个交变磁场是由一个电感线圈产生的，则这个电感线圈中的电流就会发生变化，用于平衡涡流产生的磁场。

利用这一原理，以高频振荡器（LC 振荡器）中的电感线圈作为检测元件，当被测金属物体接近电感线圈时产生了涡流效应，引起振荡器振幅或频率的变化，由传感器的信号调理电路频率的变化，由传感器的信号调理电路（包括检波、放大、整形、输出等电路），将该变化转换成开关量输出，从而达到检测目的。电感式接近开关工作原理如图 1-4 所示。供料单元中，为了检测待加工工件是不是金属材料，一般在供料管底座侧面安装一个电感式接近开关，如图 1-5 所示。

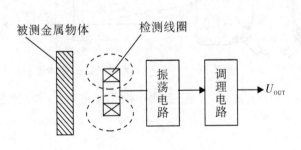

图 1-4　电感式接近开关的工作原理图

图 1-5　供料单元上的电感式接近开关

在电感式接近开关的选用和安装中，必须认真考虑检测距离、设定距离，保证生产线上的传感器可靠动作。安装距离注意说明如图1-6所示。

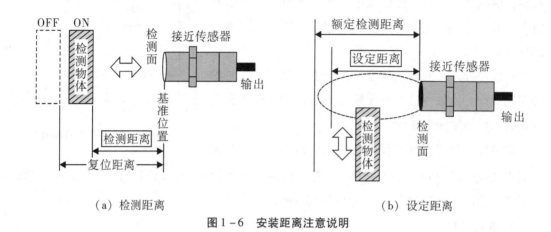

（a）检测距离　　　　　　　　　　　　　　（b）设定距离

图1-6　安装距离注意说明

3. 漫射式光电接近开关

光电式接近开关是利用光的各种性质，检测物体的有无和表面状态变化的传感器。其中输出形式为开关量的传感器为光电式接近开关。

光电式接近开关主要由光发射器和光接收器构成。如果光发射器发射的光线因检测物体不同而被遮掩或反射，到达光接收器的光线将会发生变化。光接收器的敏感元件将检测出这种变化，并转换为电气信号进行输出。大多使用可视光（主要为红色，也用绿色、蓝色来判断颜色）和红外光。

按照接收器接收光的方式的不同，光电式接近开关可分为对射式、漫射式和反射式三种，如图1-7所示。

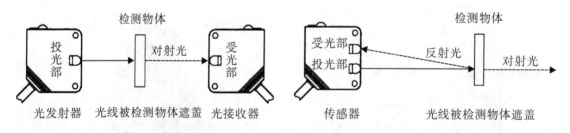

（a）对射式光电接近开关的工作原理图　　　　（b）漫射式（漫反射式）光电接近开关的工作原理图

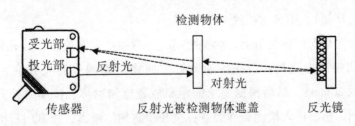

（c）反射式光电接近开关的工作原理图

图 1-7　光电式接近开关的工作原理图

　　漫射式光电接近开关是利用光照射到被测物体上后反射回来的光线而工作的，由于物体反射的光线为漫射光，故称为漫射式光电接近开关。它的光发射器与光接收器处于同一侧位置，且为一体化结构。在工作时，光发射器始终发射检测光，若接近开关前方一定距离内没有物体，则没有光被反射到光接收器，接近开关处于常态而不动作；反之，若接近开关的前方一定距离内出现物体，只要反射回来的光强度足够，光接收器接收到足够的漫射光就会使接近开关动作而改变输出的状态。图 1-7（b）为漫射式光电接近开关的工作原理示意图。

　　在供料单元中，用来检测工件不足或工件有无的漫射式光电接近开关一般选用 OM-RON 公司的 E3Z-L61 放大器内置型光电接近开关或神视公司的 CX-441 型光电接近开关，这两种光电接近开关都是细小光束型、NPN 型晶体管集电极开路输出。E3Z-L61 型光电接近开关的外形与顶端面上的调节旋钮和显示灯如图 1-8 所示。

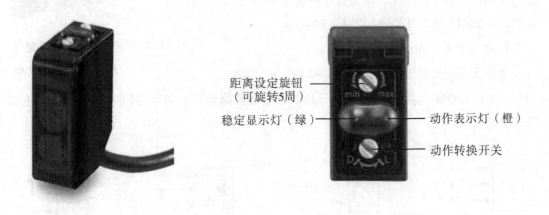

（a）外形　　　　　　　　　　　　（b）调节旋钮和显示灯

图 1-8　E3Z-L61 型光电接近开关的外形与调节旋钮、显示灯

　　图 1-8 中动作转换开关的功能是选择受光动作（Light）或遮光动作（Drag）模式。当此开关按顺时针方向充分旋转时（L 侧），则进入检测 ON 模式；当此开关按逆时针方

向充分旋转时（D 侧），则进入检测 OFF 模式。

距离设定旋钮是 5 回转调节器，调整距离时注意逐步轻微旋转。若充分旋转，距离调节器会空转。调整的方法是，首先按逆时针方向将距离调节器充分旋到最小检测距离（E3Z－L61 型约 20mm），然后根据要求的距离放置检测物体，按顺时针方向逐步旋转距离调节器，找到传感器进入检测条件的点；拉开检测物体距离，按顺时针方向进一步旋转距离调节器，找到传感器再次进入检测状态，一旦进入，向后旋转距离调节器直到传感器回到非检测状态的点。两点之间的中点为稳定检测物体的最佳位置。

图 1－9 给出该光电接近开关的内部电路原理框图。

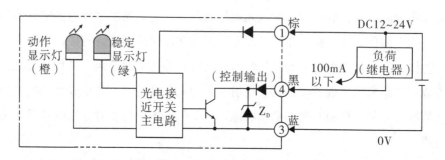

图 1－9　E3Z－L61 型光电接近开关电路原理图

用来检测物料台上有无物料的光电接近开关是一个圆柱形的漫射式光电接近开关，工作时向上发出光线，透过小孔检测是否有工件存在，该光电开关选用 SICK 公司产品 MHT15－N2317 型，其外形如图 1－10 所示。

图 1－10　MHT15－N2317 型光电接近开关的外形

4. 接近开关的图形符号

部分接近开关的图形符号如图 1－11 所示。图中（a）、（b）、（c）三种情况均使用 NPN 型三极管集电极开路输出。如果是使用 PNP 型的，正负极性应反过来。

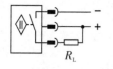　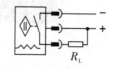　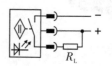　

（a）通用图形符号　　（b）电感式接近开关　　（c）光电式接近开关　　（d）磁性开关

图 1－11　接近开关的图形符号

5. 光纤传感器

光纤传感器由光纤检测头、光纤放大器两部分组成，光纤检测头和光纤放大器是分离的两个部分，光纤检测头的尾端部分分成两条光纤，使用时分别插入放大器的两个光纤孔。光纤传感器组件和图形符号如图 1 - 12 所示，放大器的安装示意图如图 1 - 13 所示。

光纤传感器也是光电传感器的一种。光纤传感器具有下述优点：抗电磁干扰，可工作于恶劣环境，传输距离远，使用寿命长。此外，由于光纤头体积较小，因此可以被安装在空间很小的地方。

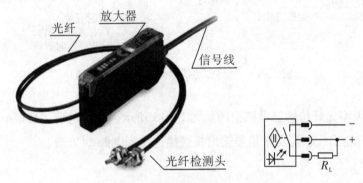

图 1 - 12　光纤传感器组件和图形符号

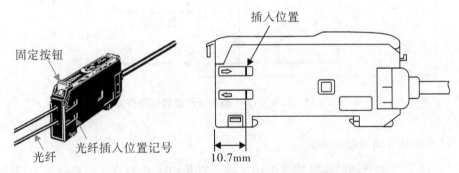

图 1 - 13　光纤传感器组件外形及放大器的安装示意图

光纤传感器的放大器的灵敏度调节范围较大。当其放大器的灵敏度调得较低时，反射性较差的黑色物体，光电探测器无法接收到反射信号；而反射性较好的白色物体，光电探测器就可以接收到反射信号。反之，若调高放大器的灵敏度，则对反射性较差的黑色物体，光电探测器也可以接收到反射信号。

图 1 - 14 为放大器单元的俯视图，调节其中部的 8 旋转灵敏度高速旋钮就能进行放大器的灵敏度调节（顺时针旋转调高灵敏度）。调节时，会看到入光量显示灯发光的变化。

当探测器检测到物料时，动作显示灯会亮，提示检测到物料。

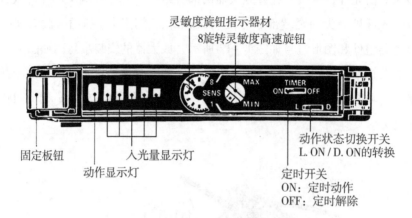

图 1-14　光纤传感器放大器单元的俯视图

E3Z-NA11 型光纤传感器电路框图如图 1-15 所示，接线时请注意根据导线颜色判断电源极性和信号输出线，切勿把信号输出线直接连接到电源 24V 端。

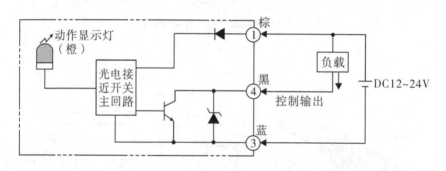

图 1-15　E3Z-NA11 型光纤传感器电路框图

6. 环形分拣机构的结构组成

图 1-16 是环形分拣机构结构装配示意图，它是由零件料仓、推料缸、光纤传感器、运输皮带、交流电动机、光电传感器、电感传感器、金属零件料仓、非金属零件料仓、开关电源、PLC、变频器、旋转编码器等组成的。

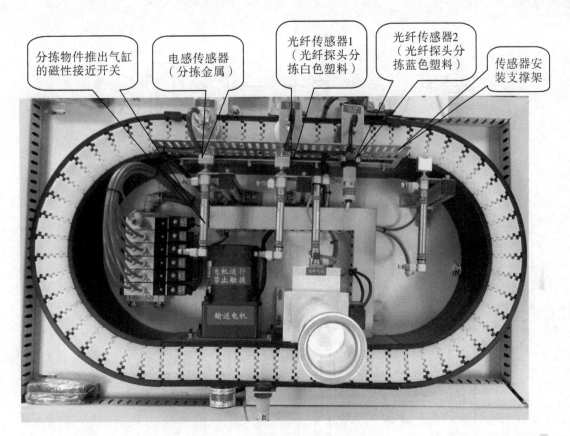

分拣物件推出气缸的磁性接近开关

电感传感器（分拣金属）

光纤传感器1（光纤探头分拣白色塑料）

光纤传感器2（光纤探头分拣蓝色塑料）

传感器安装支撑架

电机运行禁止触摸

输送电机

图 1 – 16　环形分拣机构的结构装配图

7. 传感器与 PLC 连接接线图

图 1 – 17 是各传感器与 PLC 连接的接线图。对于磁性接近开关而言，信号输出是由两根线引出，分别为棕色和蓝色，输出信号接到对应的 PLC 的输入点和公共端上即可，对于光电传感器、电感传感器、光纤传感器等三根引出线的，棕色的为电源线正极，蓝色的为电源线负极和 PLC 的输入公共端，黑色的为传感器的信号输出端（接 PLC 的信号输入端）。

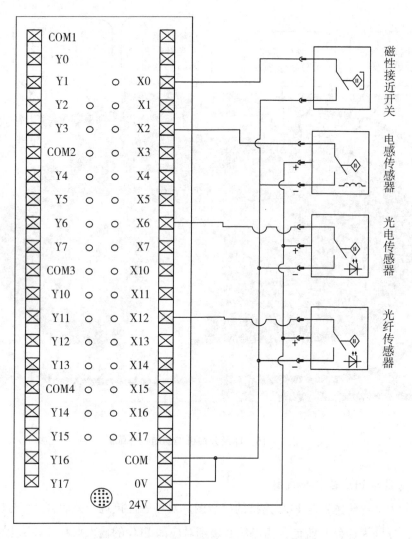

图 1-17　各传感器与 PLC 连接的接线图

六、任务计划（决策）

（1）按照小组的讨论内容，制订实施方案计划。

（2）每组以框图的形式展示并说明本组的实施流程。

（3）其他组的同学给你们提供的意见或建议，请记录在下面。

七、任务实施

（1）根据制订出的任务方案领取实施任务所需要的工具及材料。

为了完成工作任务，每个工作小组需要向仓库工作人员借用工具及领取材料。

表 1 – 1　借用工具清单

序号	名称	数量	规格	单位	借出时间	借用人签名	归还时间	归还人签名	管理员签名	备注

表 1 – 2　领用材料清单

序号	名称	规格型号	单位	申领数量	实发数量	归还时间	归还人签名	管理员签名	备注

（2）完成任务前，填写以下内容：

①电感式接近开关是利用＿＿＿＿＿制造的传感器。＿＿＿＿＿是指当金属物体处于一个交变的＿＿＿＿＿中，在金属内部会产生交变的＿＿＿＿＿，该涡流又会反作用于产生它的＿＿＿＿＿的一种物理效应。

②光电式接近开关主要由＿＿＿＿＿和＿＿＿＿＿构成。如果光发射器发射的光线因检测物体不同而被＿＿＿＿＿，到达光接收器的光线将会发生变化。光接收器的敏感元件将检测出这种变化，并转换为＿＿＿＿＿进行输出。

③光纤传感器由＿＿＿＿＿、＿＿＿＿＿两部分组成，光纤放大器和光纤检测头是分离的两个部分，光纤检测头的尾端部分分成＿＿＿＿＿，使用时分别插入光纤放大器的＿＿＿＿＿。

④对于磁性接近开关而言，信号输出是由＿＿＿＿＿线引出，分别为＿＿＿＿＿和＿＿＿＿＿，输出信号接到对应的 PLC 的输入点和公共端上即可，对于光电传感器、电感传感器、光纤传感器等三根引出线的，棕色的为＿＿＿＿＿，蓝色的为＿＿＿＿＿和 PLC 的输入公共端，黑色的为传感器的＿＿＿＿＿。

（3）按照设计思路，绘制各传感器的接线图。

（4）按照方案内容，装调分拣装置上的各个传感器，并描述各传感器的位置和作用。

（5）按接线图对各传感器进行接线，并调试各传感器的输出信号。

（6）调试注意事项。

①通电调试时，应认真观察各电器元件及线路。

②在安装、调试过程中，工具、仪表的使用应符合要求。

将本组设计的传感器和 PLC 接线图、传感器的安装位置、信号调试的结果与其他组的进行对比，看看是否正确或相同，在组内和组间进行充分的讨论和修改，以达到最佳效果。

八、任务评价

（1）各小组派代表展示传感器与 PLC 连接的接线图（利用投影仪），并解释含义。

（2）各小组派代表展示传感器信号的调试效果，接受全体同学的检阅，测试控制要求的实现情况，记录如下。

当按下启动按钮，环形电机工作，带动分拣机构运行。分拣机构上如有物件经过光电传感器位置时，会出现的现象为：

分拣机构上如有金属物件经过电感传感器位置时，会出现的现象为：

分拣机构上如有白色物件经过光纤传感器 1 探头位置时，会出现的现象为：

分拣机构上如有蓝色物件经过光纤传感器 2 探头位置时，会出现的现象为：

如推出气缸动作推出到前端，磁性接近开关会出现的现象为：

其他小组提出的建议：

（3）学生自我评价与总结。

（4）小组评价与总结。

（5）教师评价（根据各小组学生完成任务的表现，给予综合评价，同时给出该工作任务的正确答案供学生参考）。

（6）清洁保养及"6S"处理。

所有测试完毕后，检测工作台设备各种功能是否正常，关闭技能岛总电源，进行拆线，清点工具及实习材料，维护保养仪器设备，确保其在最佳状态下工作，并对工作岗位进行"6S"处理（整理、整顿、清扫、清洁、安全、素养），归还所借的工具、量具和实习工件。

（7）评价表。

表 1-3　"接近开关、光电传感器及光纤传感器在分拣机构中的应用"任务评价表

班级：_____ 小组：_____ 姓名：_____		指导教师：_____ 日期：_____					
评价项目	评价标准	评价依据	评价方式			权重	得分小计
			学生自评（20%）	小组互评（30%）	教师评价（50%）		
职业素养	1. 遵守企业规章制度、劳动纪律 2. 按时按质完成工作任务 3. 积极主动承担工作任务，勤学好问 4. 人身安全与设备安全 5. 工作岗位"6S"完成情况	1. 出勤 2. 工作态度 3. 劳动纪律 4. 团队协作精神				0.3	

（续上表）

评价项目	评价标准	评价依据	评价方式			权重	得分小计
			学生自评（20%）	小组互评（30%）	教师评价（50%）		
专业能力	1. 理解各传感器的工作原理和应用范围 2. 熟悉各传感器的结构类型和特点 3. 设计出分拣机构各传感器的装配图以及与PLC连接的接线图，并能调试 4. 具有较强的信息分析处理能力	1. 操作的准确性和规范性 2. 工作页或项目技术总结完成情况 3. 专业技能任务完成情况				0.5	
创新能力	1. 在任务完成过程中能提出有一定见解的方案 2. 在教学或生产管理上提出建议，应具有创新性	1. 方案的可行性及意义 2. 建议的可行性				0.2	
合计							

任务 ② 分拣机构中传感器的灵敏度调节

一、任务名称

分拣机构中传感器的灵敏度调节。

二、任务描述

在"接近开关、光电传感器及光纤传感器在分拣机构中的应用"任务的基础上，编写分拣机构控制程序，调节各传感器测量的灵敏度（识别精度）。

三、任务要求

（1）控制要求。

①按下启动按钮，系统工作，工作指示灯亮，实行自动分拣程序，任何时候按下停止按钮，系统复位停止，工作指示灯熄。

②工作时，环形分拣机构高速（20Hz）运行，如果输送带上有物件（金属、白色塑料或蓝色塑料）时，分别在输送带旁的不同位置处利用电感传感器、光纤传感器（两个）分拣出不同物件，并由对应的推出气缸分拣推出。如果在 1 分钟内检测到输送带上无物件（光电传感器检测输送带上有无物件信号），输送带由高速转为低速（10Hz）运行；如果在低速运行的 1 分钟内又检测到有物件送到输送带上，则输送带又由低速转为高速运行进行分拣；如果在低速运行的 1 分钟时间内还未检测到物件，则输送带停止运行（0Hz）；当有物体被放到物料台上时，则能循环工作。

（2）各小组发挥团队合作精神，定义好 PLC 的 I/O 分配，绘制 PLC 的 I/O 接线图，按控制要求编写出分拣控制程序，下载到 PLC 中进行调试和运行。

（3）各小组根据任务目标配合程序调节各传感器的灵敏度，使电感传感器准确识别金属物件，光纤传感器 1 准确识别白色塑料物件，光纤传感器 2 准确识别蓝色塑料物件，磁性接近开关能准确检测气缸活塞伸出位置。光电传感器能准确检测输送带上是否有物件。

四、能力目标

（1）能根据控制要求的描述，合理分配 PLC 的 I/O 点，正确绘制 PLC 的 I/O 接线图，正确编写控制程序。

（2）能根据控制要求的描述，学会电感传感器、光电传感器、光纤传感器和磁性接近开关的灵敏度调节方法与操作流程。

（3）能根据控制要求的描述，将程序下载到 PLC 中，并根据控制要求，能调试并优化程序。

（4）各小组发挥团队合作精神，学会传感器灵敏度的调节方法、步骤、实施和成果评估。

五、任务准备

1. 分拣机构中各传感器的灵敏度调节

分拣机构上用到的传感器有磁性接近开关、光电传感器、光纤传感器、电涡流传感器等。磁性接近开关是用来检测气缸活塞的行程位置。磁性接近开关的位置灵敏度调节方法是松开它的固定螺栓，让磁性接近开关顺着气缸滑动，到达指定位置后，再旋紧固定螺栓。光电传感器、电涡流传感器则通过安装位置与被检物件的距离来调节灵敏度。光纤传感器则通过设置光纤放大器中的电流大小和安装时光纤探头与物件的距离来调节灵敏度。

2. 环形分拣机构的结构说明

图 1-18 是环形分拣机构的结构装配图，它是由零件料仓、推料缸、光纤传感器、运输皮带、交流电动机、光电传感器、电感传感器、金属零件料仓、非金属零件料仓等组成的。要完成分拣控制功能，还需要配置开关电源、PLC、变频器、旋转编码器等设备，组成一个完整的控制系统。

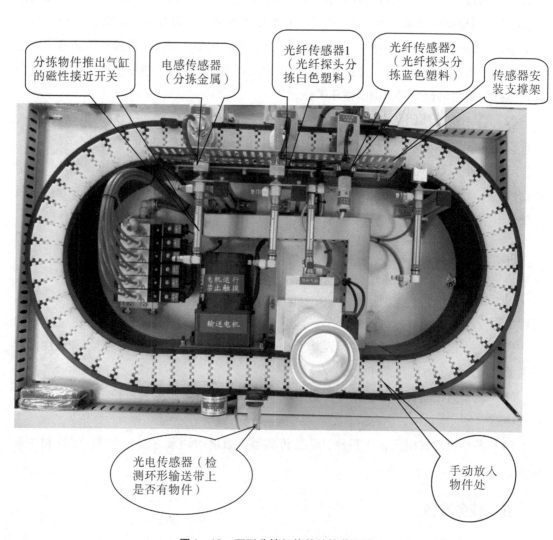

图 1-18　环形分拣机构的结构装配图

3. 分拣机构的控制电路图（PLC 的 I/O 分配图）

图 1-19 是分拣机构的电气控制原理图。输入端中，X0 作启/停按钮用，X1～X3 端用作各推料气缸的到位检测，X4 用来检测输送带上是否有物件放入，X5 用来分拣金属物件信号，X6 用来分拣白色塑料物件信号，X7 用来分拣蓝色塑料物件信号。输出端中，用 Y0 控制变频器高速挡；Y1 控制变频器低速挡；Y2 控制变频器启动信号，当 Y2、Y0 同时接通时，电机高速运行，当 Y2、Y1 同时接通时，电机低速运行；Y4～Y6 分别用来控制各分拣气缸的电磁阀线圈，分拣推出各物件；Y7 作系统工作指示灯用。

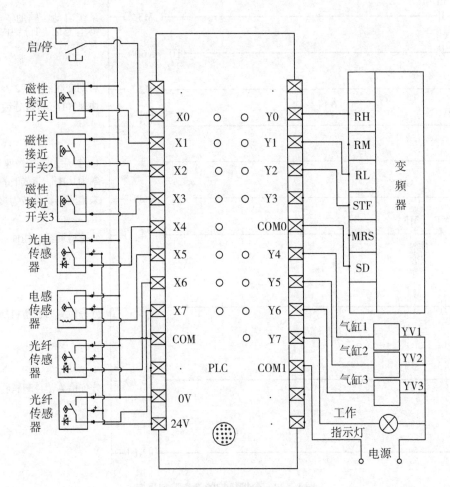

图 1-19 分拣机构的电气控制原理图

4. 根据控制要求，设计控制程序

分拣机构的参考控制程序，如图 1-20 所示。

根据 PLC 的 I/O 分配图和控制要求以及分拣机构参考控制程序，自行编写出分拣机构的控制程序，并进行程序优化和传感器灵敏度的调节。

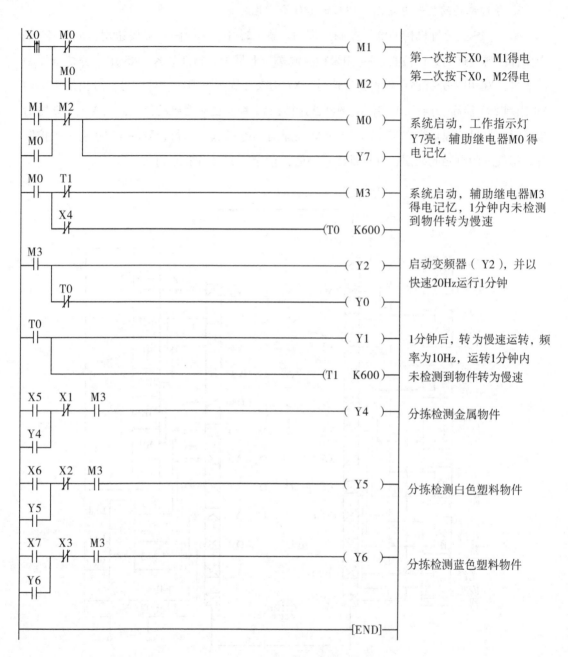

图 1-20　分拣机构的参考控制程序

六、任务计划（决策）

（1）按照任务目标和任务的要求，制定 PLC 的 I/O 分配表，并填写于表 1-4 中。

表 1-4　PLC 的 I/O 分配表

输入			输出		
输入继电器	元件代号	作用	输出继电器	元件代号	作用

在环形分拣机构上有_____个传感器。光电传感器的作用是_____，可以设想分配到 PLC 的____输入点上。电涡流传感器的作用是_____，可以设想分配到 PLC 的____输入点上。两个光纤传感器的作用是_____，可以设想分配到 PLC 的____输入点上。在气缸上的各磁性接近开关的作用是_____，可以设想分配到 PLC 的_____各输入点上。PLC 的输出是控制变频器的，可假设用_____作为电机高速信号，用_____作为电机低速信号，用_____作为变频器的启动信号。

（2）按照制定的 PLC 的 I/O 分配表，绘制 PLC 的 I/O 接线图。

（3）按照任务要求，画图表达本组的编程流程。

（4）每组派代表上台展示本组所设计的各传感器的接线图。

（5）各组以框图的形式展示并说明本组的实施流程。

（6）其他组的同学给你们提供的意见或建议，记录在下面。

七、任务实施

（1）根据制订的任务方案领取实施任务所需要的工具及材料。

为了完成工作任务，每个工作小组需要向仓库工作人员借用工具及领取材料。

表1-5　借用工具清单

序号	名称	数量	规格	单位	借出时间	借用人签名	归还时间	归还人签名	管理员签名	备注

表1-6　领用材料清单

序号	名称	规格型号	单位	申领数量	实发数量	归还时间	归还人签名	管理员签名	备注

（2）按照绘制的 PLC 的 I/O 接线图进行接线。

（3）按照编程流程编写出分拣机构的控制程序。

（4）将本组的程序拿来与其他组的程序进行对比，发现异同，在组内和组间进行充分的讨论，得出最佳程序，并下载到 PLC 中进行调试运行。

八、任务评价

（1）各小组派代表展示传感器与 PLC 连接的接线图（利用投影仪），并解释含义。

（2）各小组派代表展示 PLC 的控制程序调试效果，接受全体同学的检阅，测试控制要求的实现情况，记录如下。

当按下启动按钮，会出现的现象为：

电机在高速挡运行了 1 分钟还没有物件送到输送带上时，会出现的现象为：

电机在低速挡运行了 1 分钟还没有物件送到输送带上时，会出现的现象为：

如输送到无物停止后，又拿一个物件放到入物口时，会出现的现象为：

其他小组提出的建议：

（3）学生自我评价与总结。

（4）小组评价与总结。

（5）教师评价（根据各小组学生完成任务的表现，给予综合评价，同时给出该工作任务的正确答案供学生参考）。

（6）清洁保养及"6S"处理。

所有测试完毕后，检测工作台设备各种功能是否正常，关闭技能岛总电源，进行拆线，清点工具及实习材料，维护保养仪器设备，确保其在最佳状态下工作，并对工作岗位进行"6S"处理，归还所借的工具、量具和实习工件。

（7）评价表。

表1-7　"分拣机构中传感器的灵敏度调节"任务评价表

班级：_____ 小组：_____ 姓名：_____			指导教师：_____ 日期：_____				
评价项目	评价标准	评价依据	评价方式			权重	得分小计
			学生自评（20%）	小组互评（30%）	教师评价（50%）		
职业素养	1. 遵守企业规章制度、劳动纪律 2. 按时按质完成工作任务 3. 积极主动承担工作任务，勤学好问 4. 人身安全与设备安全 5. 工作岗位"6S"完成情况	1. 出勤 2. 工作态度 3. 劳动纪律 4. 团队协作精神				0.3	

（续上表）

评价项目	评价标准	评价依据	评价方式			权重	得分小计
			学生自评（20%）	小组互评（30%）	教师评价（50%）		
专业能力	1. 理解各传感器的工作原理和应用范围 2. 熟悉各传感器的结构类型和特点 3. 设计出分拣机构的PLC控制程序，并能下载调试 4. 掌握分拣机构中各传感器的灵敏度调节方法 5. 具有较强的信息分析处理能力	1. 操作的准确性和规范性 2. 工作页或项目技术总结完成情况 3. 专业技能任务完成情况				0.5	
创新能力	1. 在任务完成过程中能提出有一定见解的方案 2. 在教学或生产管理上提出建议，应具有创新性	1. 方案的可行性及意义 2. 建议的可行性				0.2	
合计							

任务 3 温度传感器在化工混合反应釜中的应用

一、任务名称

温度传感器在化工混合反应釜中的应用。

二、任务描述

（1）温度传感器（PT100）的工作原理及接线方法。

（2）$FX_{2N}-4AD$ 扩展功能模块的使用方法。

三、任务要求

（1）认识传感器工作岛面板和加热箱各部件，采用 PLC 控制加热装置。

（2）运用 FX_{2N} – 4AD 模块进行温度传感器的 A/D 数据转换，做出相应的计算，并在 GX 编程软件上，监控温度传感器变送的数据变化。

（3）控制要求。

①控制系统要设有启动、停止按钮，加热电阻丝和加热指示灯并联工作，采用脉冲信号控制。

②系统控制加热过程为每 10 分钟一个循环，水温控制在 38℃ ~ 42℃，基本保持恒温。在控制时间内，当水温低于 38℃ 时，启动电阻丝加热；高于 42℃ 时，电阻丝停止加热。控制时间到，启动放水阀放水，放水完成后再由电动水泵抽水进行下一个循环，如此往复。

③加热箱供水由电动水泵完成，水位高低由液位传感器控制，放水由电磁阀控制。

（4）各小组发挥团队合作精神，共同设计出温度传感器与 PLC 连接的接线图，PLC 的 I/O 分配表与接线图，并设计出 PLC 的控制程序，下载到 PLC 中，验证程序功能，调整、优化程序。

四、能力目标

（1）能根据控制要求的描述，弄清传感器工作岛面板与加热箱上各部件的作用和接线方法。

（2）能根据控制要求的描述，理解温度传感器、FX_{2N} – 4AD 模块的原理和作用。

（3）能根据控制要求的描述，以小组合作的方式合理设计出 PLC 的 I/O 接线图。

（4）能根据控制要求的描述，正确理解控制功能，合理编写出恒温控制程序。

（5）能将程序下载到 PLC 中，并根据控制要求，调试、优化程序。

五、任务准备

1. 温度传感器

温度传感器是应用最广的一类传感器，广泛应用于日常生活与工业生产的温度控制中，如冰箱、冷柜、空调、饮水机、微波炉等产品都需要利用传感器进行温度测量，进而实现温度控制；汽车发动机、油箱、水箱的温度控制，化纤厂、化肥厂、炼油厂生产过程的温度控制，冶炼厂、发电厂锅炉温度控制等也需要温度传感器提供控制依据。

温度传感器的核心是温度敏感元件，它能将温度这一物理量转换成电信号，再经放大电路变成易于测量的电压、电流或频率等电信号。

温度传感器的种类多种多样，其分类方法也很多。按用途可分为标准温度计和工业温度计；按测量方法可分为接触式温度传感器和非接触式温度传感器；按工作原理可分为膨胀式温度传感器、电阻式温度传感器、热电式温度传感器、辐射式温度传感器等。表1-8为各种类型的温度传感器。

表1-8　各种类型的温度传感器

测量方式	物理效应	温度传感器种类			
非接触式测温	光辐射热辐射	光学高温计		红外线测温仪	
	体积热膨胀	气体温度计		压力温度计	
接触式测温	热膨胀系数不一样	双金属温度计		普通玻璃温度计	
	电阻变化	铂金属温度计		铜热电阻式温度传感器	

（续上表）

测量方式	物理效应	温度传感器种类			
接触式测温	热电效应	铠装式热电偶		普通型热电偶	
	PN 结正向电压与温度关系	半导体集成电路温度传感器			

电阻式温度传感器是以一定方式将温度变化转化为温度敏感元件的电阻变化，进而通过转换电路变成电压或电流信号输出的传感器。它结构简单，性能稳定，成本低廉，在许多行业已得到广泛应用。其温度敏感元件若按制造材料来分，可分为金属热电阻器（铂、铜、镍）和半导体热电阻器（热敏电阻器）。金属热电阻器的阻值随温度的增加而增加，且与温度变化成一定的函数关系，通过检测金属热电阻器的变化量，即可测出相应的温度。常用的金属热电阻器主要有铂电阻器和铜电阻器。铂电阻器的铂丝是绕在云母制成的片形支架上的，绕组的两面用云母片夹住绝缘，外形有片状、圆柱状，如图 1-21 所示。铜电阻器的铜漆包线在圆形骨架上，为了使热电阻能有较长的使用寿命，一般铜电阻外加有金属保护套管，如图 1-22 所示。金属热电阻器可直接加绝缘套管贴在被测物体表面进行温度测量，也可以外加金属防护套插入各种介质环境中进行温度测量，如图 1-23 所示。

图 1-21　铂电阻器

图 1-22　铜电阻器

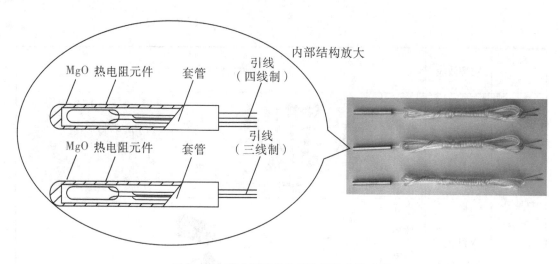

图 1 - 23　带金属防护套热电阻温度传感器

　　金属热电阻器是中低温区最常用的一种温度敏感元件。它的主要特点是测量精度高，性能稳定。热电阻大都由纯金属材料制成，目前应用最多的是铂和铜，其中铂电阻器的测量精确度最高，适用于中性和氧化性介质，稳定性好，呈一定的非线性，温度越高，电阻变化率越小，它不但广泛应用于工业测温，而且已被制成标准的测温仪。铜电阻器在测温范围内电阻值和温度呈线性关系，温度线数大，适用于无腐蚀介质。

　　电阻式温度传感器按结构的不同可分为普通型、铠装型、端面型和隔爆型四种，它们的外形结构如图 1 - 24 所示。

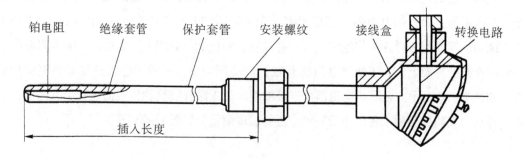

（a）普通型热电阻温度传感器

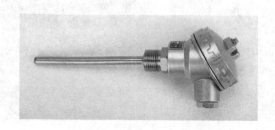

（b）铠装型热电阻温度传感器

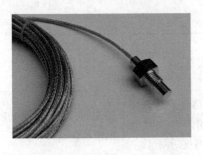 

（c）端面型热电阻温度传感器　　　　（d）隔爆型热电阻温度传感器

图 1 – 24　电阻式温度传感器结构

图 1 – 25 所示的是常见的热电阻温度传感器配套仪表外部接线端子。温度敏感元件通过较长引线接到接线端子上。在接线时应注意，采用三线制时，应将另外两个接线端子短接。

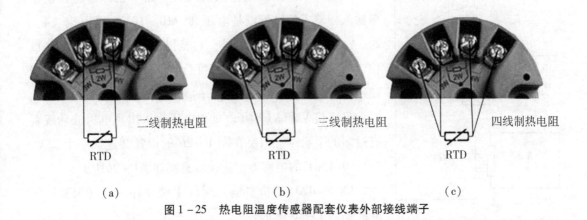

二线制热电阻　　　　　　三线制热电阻　　　　　　四线制热电阻

RTD　　　　　　　　　　RTD　　　　　　　　　　RTD

（a）　　　　　　　　　　（b）　　　　　　　　　　（c）

图 1 – 25　热电阻温度传感器配套仪表外部接线端子

温度传感器的另外两个重要指标是温度测量范围与测量精度。采用不同温度敏感元件的温度传感器测量的温度范围不同，合理选择温度敏感元件可以提高温度传感器的灵敏度，使测量系统获得较高的信噪比，提高测量精度，使测量示值稳定、可靠。热电阻温度传感器的测温范围、精度等级及优缺点如表 1 – 9 所示。

表 1 – 9　热电阻温度传感器的测温范围、精度等级及优缺点

热电阻温度传感器种类	常用测温范围（℃）	精度等级	优点	缺点
铂电阻器	− 200 ~ 500	0.1 ~ 1	测温精度高，便于远距离、多点、集中测量和自动控制，铂电阻器一致性好，适合中温测量	需要接入桥路才能得到电压输出，必须注意环境温度的影响，铜电阻器测温范围小
铜电阻器	− 50 ~ 150	0.3 ~ 1.5		

（续上表）

热电阻温度传感器种类	常用测温范围（℃）	精度等级	优点	缺点
热敏电阻器	−50～150	0.5～3	体积小，价格低，适合批量生产，适用于小温度范围或固定点温度的测量	精度低，温度性能分散性大，温度线性范围小

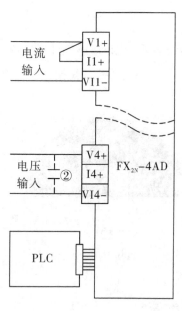

图 1−26 FX$_{2N}$−4AD 接线图

2. FX$_{2N}$−4AD 模拟量输入模块和 PLC 的 FROM、TO、CMP 功能指令

（1）FX$_{2N}$−4AD 模拟量输入模块。

FX$_{2N}$−4AD 模拟量输入模块有 4 路（也称通道）模拟量输入，输入信号可以是电压（−10～10V）或电流（4～20mA、−20～20mA）信号，它能提供 12 位（有效数位 11 位，第 12 位为符号位）高精度分辨率。其接线方法是：当使用电流输入时，要把 V 和 I 的端子短接。当使用电压输入时，只连接 V 和 VI 端子。如果电压输入出现电压波动或者有过多的电噪声，则要在图 1−26 的位置②连接一个 25V、0.1～0.47μF 的电容器，连接示意图如图1−26所示。

FX$_{2N}$−4AD 模拟量输入模块中缓冲存储器（BFM）的分配如表 1−10 所示。

表 1−10 FX$_{2N}$−4AD 缓冲存储器（BFM）的分配

BFM	内容	
#0	通道初始化，默认值 = H0000	
#1	通道 1	平均采样次数 1～4 096 次/秒
#2	通道 2	
#3	通道 3	默认值为 8 次/秒
#4	通道 4	
#5	通道 1	平均值
#6	通道 2	
#7	通道 3	
#8	通道 4	

（续上表）

BFM	内容	
#9	通道 1	
#10	通道 2	当前值
#11	通道 3	
#12	通道 4	
#13 ~ #31	详细资料查阅《FX$_{2N}$ - 4AD 扩展模块应用手册》	

由表 1 - 10 可知，在 BFM#0 中写入十六进制 4 位数字 H××××，最低位数字控制通道 1，最高位数字控制通道 4。其中 × = 0，输入设定为电压 - 10 ~ 10V；× = 1，输入设定为电流 4 ~ 20mA；× = 2，输入设定为电流 - 20 ~ 20mA；× = 3，关闭该通道。例如：BFM#0 = 3310，则通道 1（CH1）为 - 10 ~ 10V 电压输入，通道 2（CH2）为 4 ~ 20mA 电流输入，通道 3（CH3）和通道 4（CH4）关闭。

（2）读特殊功能模块指令。

①读特殊功能模块指令的助记符、指令代码、操作数、程序步如表 1 - 11 所示。

表 1 - 11　读特殊功能模块指令

指令名称	助记符	指令代码	操作数				程序步
			m1	m2	D	n	
读特殊功能模块指令	FROM	FNC78	K、H m1 = 0 ~ 7	K、H m2 = 0 ~ 31	KnY、KnM、KnS、T、C、D、V、Z	K、H n = 1 ~ 32	FROM、FROMP… 9 步 DFROM、DFROMP… 17 步

②指令格式：如图 1 - 27 所示。

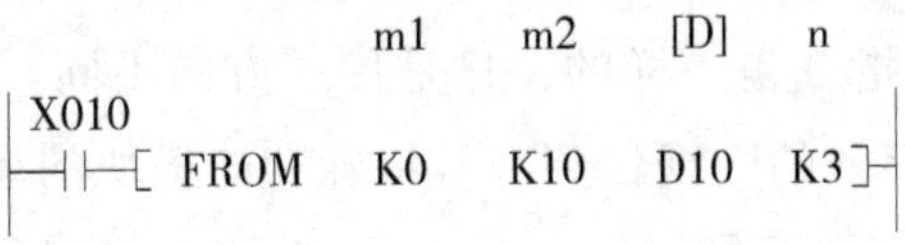

图 1 - 27　读特殊功能模块指令梯形图

③指令说明：

该指令的功能是将特殊功能模块中缓冲存储器（BFM）的内容读到 PLC 中，m1 表示 PLC 所带的特殊功能模块的编号，一个 PLC 基本单元最多可带 8 个特殊功能模块，其编号是 0~7；m2 表示特殊功能模块内缓冲存储器（BFM）的编号（0~31）；[D] 表示 PLC 存储数据的首元件号；n 是传送数据的点数。

图 1-26 的 FROM 指令是将 0 号位置的特殊功能模块#10、#11 和#12 的 3 个 BFM 的数据读入 PLC 的基本单元，并分别存于 D10、D11、D12 数据寄存器中。

（3）写特殊功能模块指令。

①写特殊功能模块指令的助记符、指令代码、操作数、程序步如表 1-12 所示：

表 1-12　写特殊功能模块指令

指令名称	助记符	指令代码	操作数				程序步
			m1	m2	D	n	
写特殊功能模块指令	TO	FNC79	K、H m1 = 0~7	K、H m2 = 0~31	KnY、KnM、KnS、T、C、D、V、Z	K、H n = 1~32	TO、TOP…9 步 DTO、DTOP…17 步

②指令格式：如图 1-28 所示。

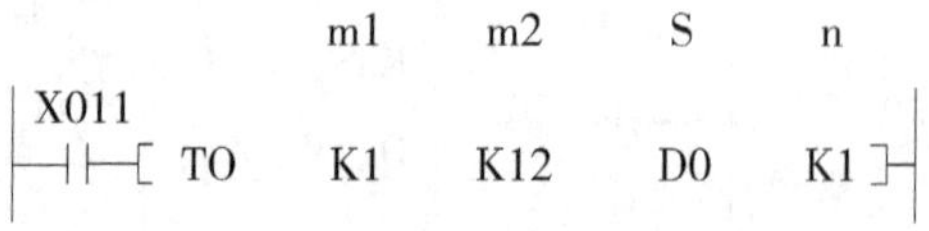

```
                    m1    m2    S     n
     X011
    ─┤├─  TO   K1    K12   D0    K1 ─
```

图 1-28　写特殊功能模块指令梯形图

③指令说明：

该指令的功能是将 PLC 的数据传送到特殊功能模块缓冲存储器（BFM）中。指令中各操作数的含义和 FROM 指令是一样的，只是传送方向不同。图 1-28 的 TO 指令是将 PLC 基本单元中的 D0 寄存器的数据传到 1 号特殊功能模块的缓冲存储器（BFM）的#12 中，即 D0→BFM#12。

（4）比较指令。

①比较指令的助记符、指令代码、操作数、程序步如表 1-13 所示：

表 1 - 13　比较指令

指令名称	助记符	指令代码	操作数			程序步
			S1	S2	D	
比较指令	CMP	FNC10	KnY、KnX、KnM、KnS、T、C、D、V、Z、K、H		Y、M、S	CMP、CMPP…7 步 DCMP、DCMPP…13 步

②指令格式：如图 1 - 29 所示。

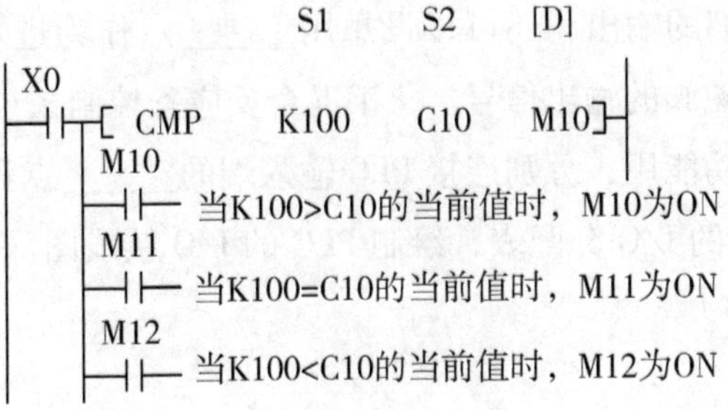

```
              S1      S2     [D]
    X0
    ┤├──[  CMP   K100    C10    M10 ]
    M10
    ┤├── 当K100>C10的当前值时，M10为ON
    M11
    ┤├── 当K100=C10的当前值时，M11为ON
    M12
    ┤├── 当K100<C10的当前值时，M12为ON
```

图 1 - 29　比较指令梯形图

③指令说明：

A. 该指令有两个源操作数 S1、S2 和一个目标操作数 D。其中 S1、S2 是字元件，D 是位元件。将前面两个源操作数进行比较，有三种结果，通过目标操作数的三个连号的位元件表达出来，表达方式如图 1 - 29 所示。

B. 所有的源操作数均按二进制数进行处理。

C. 目标操作数，如指定 M10 时，则 M10、M11、M12 三个连号的位元件被自动占用。执行该指令时，这三个位元件有且只有一个会为 ON。在 X0 断开即不执行 CMP 指令时，M10 ~ M12 也保持 X0 断开前的状态；要清除比较的结果时，采用复位指令。

六、任务计划（决策）

（1）按照前面的知识内容，设计出温度传感器与 FX$_{2N}$ - 4AD 模块的接线图。

（2）按照任务目标和任务要求，制定 PLC 的 I/O 分配，并填写于表 1 – 14 中。

表 1 – 14　PLC 的 I/O 分配

输入			输出		
输入继电器	元件代号	作用	输出继电器	元件代号	作用

综合反应加热箱中的电加热丝和加热指示灯是由一个接触器控制的，你可以设想用 PLC 的_____点作为它们的输出，还可以设想用_____点作为进水电动水泵的输出信号，用_____点作为放水电磁阀的输出信号。化工混合反应釜控制系统任务模型接口接线板上的两个按钮可作_____功能用，分别连接 PLC 输入端的_____点和_____点。

（3）按照制定 PLC 的 I/O 分配表，绘制 PLC 的 I/O 接线图。

（4）按照任务要求，画图表达本组的编程思路。

（5）每组派代表上台展示本组所设计的温度传感器与 FX_{2N} – 4AD 模块的接线图、PLC 的 I/O 接线图。

（6）各组以画图的形式展示并说明本组的编程思路。

（7）其他组的同学给你们提供的意见或建议，请记录在下面。

七、任务实施

（1）根据制订的任务方案领取实施任务所需要的工具及材料。

为了完成工作任务，每个工作小组需要向仓库工作人员借用工具及领取材料。

表 1-15　借用工具清单

序号	名称	数量	规格	单位	借出时间	借用人签名	归还时间	归还人签名	管理员签名	备注

表 1-16　领用材料清单

序号	名称	规格型号	单位	申领数量	实发数量	归还时间	归还人签名	管理员签名	备注

（2）认识温度变送器所需的设备与器材，如图 1 - 30 所示。

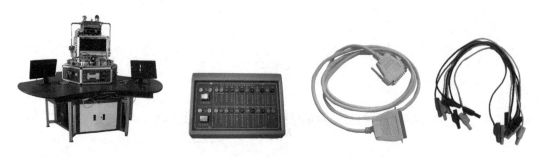

（a）SX - CSET - JD06 工作岛　（b）综合任务模型接口　　　　（c）通信线　　　（d）实训迭插线

图 1 - 30　温度变送器所需的设备与器材

（3）按照设计的温度传感器与 FX_{2N} - 4AD 模块的接线图、PLC 的 I/O 接线图，将模型的通信线接入通信接口模块，PLC 面板上的 PLC 输入/输出端子、扩展模块端子与接口模块连接，如图 1 - 31 所示。

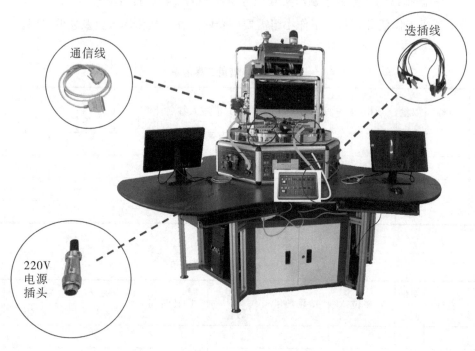

图 1 - 31　温度传感器技能工作岛各模块连接示意图

（4）用 PLC 与 FX_{2N} - 4AD 模块设计传感器技能工作岛的恒温装置的控制程序（梯形图）。

①PLC 的 I/O 分配表和接线图。

②控制系统任务要求。

③SX – CSET – JD06 工作岛上的综合反应加热箱是由 _____、液位传感器、_____、_____、_____、_____部件构成的。

④综合任务模型接口要与 SX – CSET – JD06 工作岛上的接入通信接口相连接，采用的是标准的____针通信线。

⑤设通道 CH1 用作电流输入（4～20mA），CH2 用作电压输入，FX_{2N} – 4AD 模块连接在特殊模块的 0 号位置。平均取样次数为 4 次，转换后的数据存在 PLC 的 D0 和 D1 中，编写其控制程序。图 1 – 32 是供参考的程序梯形图。

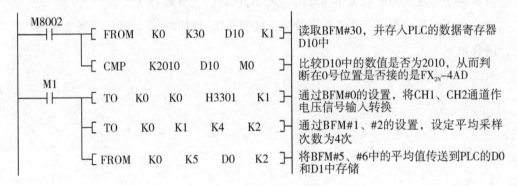

图 1 – 32　控制程序梯形图

请解释程序的意思，并用文字描述出来。

⑥把设计的传感器控制程序填写在下面。

（5）将本组的程序拿来与其他组的程序进行对比，发现异同，在组内和组间进行充分的讨论，得出最佳程序，并下载到 PLC 中进行调试运行。

八、任务评价

（1）各小组派代表展示程序梯形图（利用投影仪），并解释含义。

（2）各小组派代表展示功能调试效果，接受全体同学的检阅，测试控制要求的实现情况，记录如下。

当按下启动按钮，会出现的现象为：

按下停止按钮，会出现的现象为：

在加热过程中温度传感器的数值变化为：

自动恒温控制过程为：

如要放水，出现的现象为：

其他小组提出的建议：

（3）学生自我评价与总结。

（4）小组评价与总结。

（5）教师评价（根据各小组学生完成任务的表现，给予综合评价，同时给出该工作任务的正确答案供学生参考）。

（6）清洁保养及"6S"处理。

所有测试完毕后，检测工作台设备各种功能是否正常，关闭技能岛总电源，进行拆线，清点工具及实习材料，维护保养仪器设备，确保其在最佳状态下工作，并对工作岗位进行"6S"处理，归还所借的工具、量具和实习工件。

（7）评价表。

表1-17　"温度传感器在化工混合反应釜中的应用"任务评价表

班级：＿＿＿＿＿ 小组：＿＿＿＿＿ 姓名：＿＿＿＿＿		指导教师：＿＿＿＿＿ 日期：＿＿＿＿＿					
评价项目	评价标准	评价依据	评价方式			权重	得分小计
			学生自评（20%）	小组互评（30%）	教师评价（50%）		
职业素养	1. 遵守企业规章制度、劳动纪律 2. 按时按质完成工作任务 3. 积极主动承担工作任务，勤学好问 4. 人身安全与设备安全 5. 工作岗位"6S"完成情况	1. 出勤 2. 工作态度 3. 劳动纪律 4. 团队协作精神				0.3	

（续上表）

评价项目	评价标准	评价依据	评价方式			权重	得分小计
			学生自评（20%）	小组互评（30%）	教师评价（50%）		
专业能力	1. 理解温度传感器的工作原理和应用范围 2. 熟悉温度传感器的结构类型和特点 3. 能设计出温度传感器与PLC连接的接线图、传感器技能工作岛恒温装置控制程序，并能调试 4. 具有较强的信息分析处理能力	1. 操作的准确性和规范性 2. 工作页或项目技术总结完成情况 3. 专业技能任务完成情况				0.5	
创新能力	1. 在任务完成过程中能提出有一定见解的方案 2. 在教学或生产管理上提出建议，应具有创新性	1. 方案的可行性及意义 2. 建议的可行性				0.2	
合计							

任务 ④ 压力传感器在化工混合反应釜中的应用

一、任务名称

压力传感器在化工混合反应釜中的应用。

二、任务描述

（1）压力传感器的工作原理及接线方法。

（2）$FX_{2N}-4AD$ 特殊功能模块的使用方法。

三、任务要求

（1）采用压力传感器、FX_{2N}－4AD 特殊功能模块与 PLC 技术控制化工混合反应釜单元。

（2）采用 FX_{2N}－4AD 特殊功能模块作压力传感器输出信号（模拟信号）的数据转换，并输送到 PLC 中做出相应的编程运算，在计算机的 GX 编程软件上，监控压力传感器的数据变化。

（3）控制要求：

①控制系统要设有启动、停止按钮，按下启动按钮，系统工作，工作指示灯亮，按下停止按钮，系统停止工作。

②系统工作时，先启动放水，当放水到水箱的低水位时，由压力传感器控制电磁阀停止放水，启动加水水泵抽水。当加水到水箱的高水位时，再由压力传感器控制加水水泵停止，接通电热丝加热，当加热到 40℃时，停止加热（由温度传感器控制），延时 2 分钟，接通电磁放水阀放水，至低水位时，又由压力传感器控制电磁放水阀停止放水，启动加水水泵抽水，如此循环往复。

③加热箱供水由电动水泵完成，放水由电磁阀完成，水位高低由压力传感器控制（通过测量管网压力大小来控制水箱水位），水温由温度传感器控制。

（4）各小组发挥团队合作精神，共同设计出压力传感器、温度传感器、FX_{2N}－4AD 特殊功能模块和 PLC 连接的接线图，PLC 的 I/O 分配表与接线图，并设计出 PLC 的控制程序，下载到 PLC 中，验证程序功能，调整、优化程序。

四、能力目标

（1）能根据控制要求的描述，理解压力传感器的原理和作用。

（2）能根据控制要求的描述，绘制出压力传感器、FX_{2N}－4AD 特殊功能模块和 PLC 连接的接线图。

（3）能根据控制要求的描述，合理分配 PLC 的 I/O 点，绘制出 PLC 的 I/O 接线图。

（4）能根据控制要求的描述，正确理解控制功能，合理编写出满足控制要求的控制程序。

（5）能将程序下载到 PLC 中，并根据控制要求，调试、优化程序。

五、任务准备

1. 压力传感器

压力传感器是工业生产中最常用的一种传感器，其广泛应用于各种工业自控环境中，涉及水利水电、铁路交通、智能建筑、生产自控、航空航天等众多行业中。压力传感器种类繁多，根据材料可分为应变片式、压电式、电容式、电感式、扩散硅式、硅蓝宝石式、陶瓷厚膜式等类型。其中应变片式又分为电阻应变式压力传感器、半导体应变片压力传感器、压阻式压力传感器，但应用最为广泛的是压阻式压力传感器，它具有极低的价格、较高的精度和较好的线性特性。下面我们主要介绍这类压力传感器。

（1）应变式压力传感器。

应变式压力传感器的结构简单，价格便宜，应用最为广泛。应变式压力传感器敏感元件的典型结构如图 1 – 33 所示。应变片粘贴在测量压力的弹性元件表面（即感压膜片）。应变式压力传感器的弹性元件是一个圆形的金属膜片，金属膜片的周边被固定，当膜片一面受压力作用时，膜片的另一面产生径向应变 ε_r 和切向应变 ε_t 在膜片中心处，ε_r 与 ε_t 都达到正的最大值，在膜片边缘处，切向应变 $\varepsilon_t = 0$，径向应变 ε_r 达到负的最大值。如图 1 – 34所示，根据应力分布金属膜片上粘贴有四个应变片，两个贴在正的最大区域（R_2、R_3），两个贴在负的最大区域（R_1、R_4）。四个应变片组成全桥电路，这样通过测量输出电压，来测量被测电压，既可提高传感器的灵敏度，又能起到温度补偿的作用。

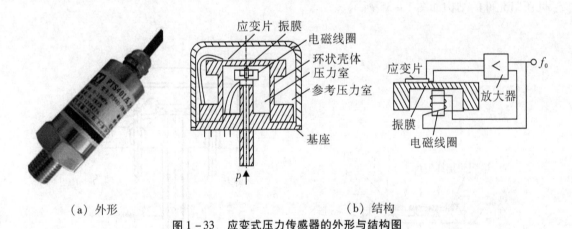

（a）外形   （b）结构

图 1 – 33　应变式压力传感器的外形与结构图

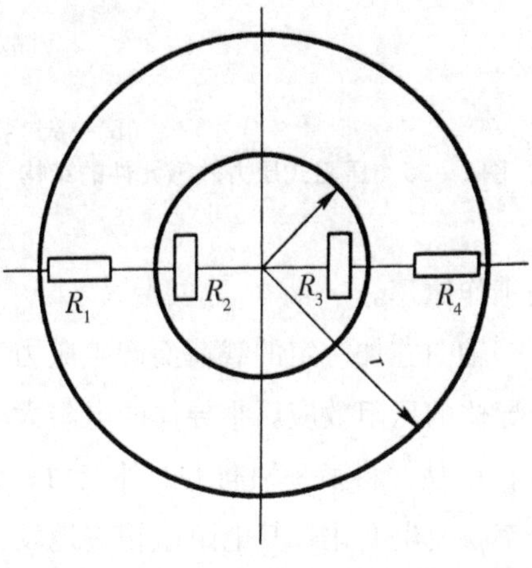

图 1 – 34　弹性敏感元件应变电阻分布图

应变式压力传感器主要用于测量管道内部压力、内燃机燃气的压力和喷射力、发动机和导弹试验中脉动压力以及各种领域中的流体压力。

贴片式应变压力传感器结构简单，价格便宜，使用方便，广泛应用于一些测量精度要求较低的场所。但是，由于贴片式应变片的粘贴工艺，使应变片与膜片之间的应变需要应变胶来传递，而传递性能会因环境（温度、湿度、机械滞后、零点漂移等）等因素的改变而受到影响，因此，其测量精度不高。

（2）压阻式压力传感器。

①压阻式压力传感器的敏感元件。

压阻式压力传感器的敏感元件是压阻元件，它主要由外壳、硅杯和引出线等组成，其核心部分是一块带有应变电阻的硅膜片，膜片和应变电阻经精细加工成一体结构，没有可动部分，因此也称为固态传感器。普通压阻元件通常用来测量气体或能够与单晶硅兼容的不导电的液体。带有隔离膜片的压阻元件可以测量与不锈钢316L兼容的气体或液体。常见压阻元件的结构如图1-35所示。

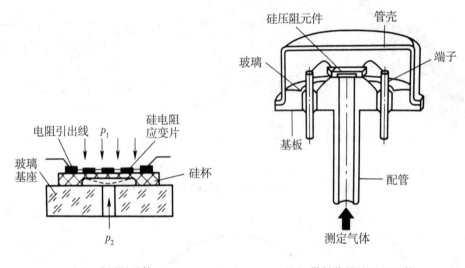

（a）硅压阻元件　　　　　　（b）带封装的硅压阻元件

图1-35　压阻式压力敏感元件的结构

②压阻式压力传感器的工作原理。

对一块半导体材料的某一轴向施加一定的载荷而产生应力时，该材料的电阻率会发生变化，这种物理现象称为半导体的压阻效应。半导体的电阻大小取决于有限量载流子（即电子、空穴）的迁移率，加在单晶材料某一轴向上的外应力，会使载流子迁移率发生较大的变化。半导体材料的电阻率 ρ 发生变化，其电阻值相应地发生变化。半导体材料电阻变化率远大于金属应变片的电阻变化率。

压阻式应变片又称半导体应变片,其主要优点是体积小,结构比较简单,动态响应快,灵敏度高,能测出十几帕斯卡的微压。目前,压阻式压力传感器是一种比较理想的、发展迅速的压力传感器。

将压阻式压力传感器的敏感元件紧密地安装到带压力接嘴的壳体中,就构成了压力传感器,如图1-36所示。根据压力敏感元件的结构不同,压阻式压力传感器可以测量绝对压力、表压力及压差。

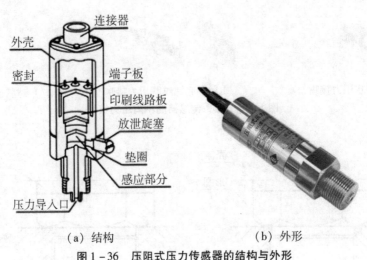

（a）结构　　　　　　　　（b）外形

图1-36　压阻式压力传感器的结构与外形

（3）压力传感器的选用与安装。

①压力传感器的选用。

压力传感器的选用首先要选择压力传感器的量程。一般需要压力范围最大值是系统最大压力值的1.5倍（本任务中的压力传感器的压力量程是0～0.2MPa）。还要注意所测试的压力介质,在压力接头上或引压管内是否会有黏性液体或者浆状物质,与传感器接触的是溶解性或者腐蚀性介质还是干净干燥的空气。传感器需要达到什么样的精度也是选择的因素之一。此外还有传感器的激励电压、输出信号、价格等都是选择压力传感器时要考虑的因素。

②压力传感器的安装。

压力传感器的安装有两个关键环节:一是压力传感器的引压管与所测压力管道或压力容器必须密封连接,不能因压力传感器的安装而使压力管道或压力容器泄漏,影响被测系统的正常运转;二是压力取样口位置的选择。

A. 压力传感器与所测压力管道或压力容器的密封连接。

压力传感器密封连接方法很多。一般根据传感器的量程、结构、密封等要求不同,连接方法也不尽相同。图 1-37（a）所示的传感器的压力接嘴呈倒刺状，可以用皮管直接相连，小压力传感器常采取该种连接方式；图 1-37（b）所示的传感器的压力接嘴为平底螺纹状，加密封垫或 O 形圈后用扳手紧固，大压力传感器常采取该种连接方式，密封垫、O 形圈的安装方法如图 1-38 所示；图 1-37（c）所示的传感器的压力接嘴呈球状，它要与相应的接头连接。常见的各种压力接嘴形式如图 1-39 所示。常用的各种压力接头如图 1-40 所示。

（a）倒刺状压力接嘴　　　　　（b）平底螺纹状压力接嘴　　　　（c）球状压力接嘴

图 1-37　压力传感器的不同压力接嘴

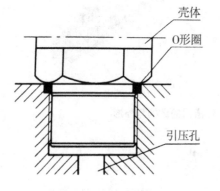 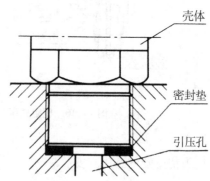

（a）用 O 形圈密封　　　　　　　　　（b）用密封垫密封

图 1-38　压力传感器的不同密封方法

图 1-39　常见压力接嘴形式

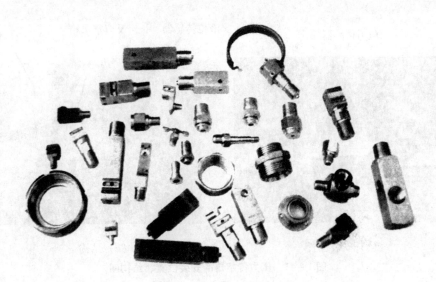

图 1 - 40　常见压力接头

B. 取压口位置的选择。

取压口是指从被测对象中取压力信号的地方，其位置、大小及开口形状直接影响着压力测量的准确度，一般选择原则是：

取压口不得取在管道的弯曲、分叉及形成涡流的地方；

当管道内有突出物体时，取压口应选在突出物体前面；

如果在阀门附近取压时，与阀门的距离应大于 $2D$（D 为管道直径），取压口若在阀门后，与阀门的距离应大于 $3D$；

取压口应处于流速平稳、无涡流流动的区域。

2. 化工混合反应釜中的压力传感器

化工混合反应釜中的压力传感器有两个，一个是用来测量 B 水泵抽水时的压力，型号是 YP4021 - 0.2MPa - B - G - 1，量程为 0 ~ 0.2MPa，输出信号为电流 4 ~ 20mA，用它可以计算出 B 水泵在规定时间内抽水的总流量。另一个是用来检测化工混合反应釜中水箱的液位，作液位传感器用，其型号是 YP4021 - 0.1MPa - B - G - 1，量程为 0 ~ 0.1MPa，输出信号也为电流 4 ~ 20mA。

化工混合反应釜中压力传感器的安装位置、结构和接线图如图 1 - 41、图 1 - 42 所示。

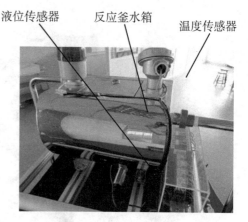

（a）安装位置　　　　　　　　　　（b）结构

图 1-41　压力传感器的安装位置、结构图

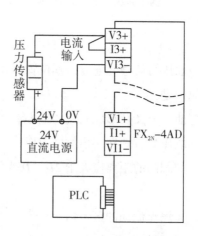

图 1-42　压力传感器的接线图

3. 控制部分的功能要求

（1）程序启停动作。

按下_____按钮，系统工作，此按钮可接入 PLC 的输入继电器_____端口。在任何时候按下_____按钮，系统停止，此按钮可接入 PLC 的输入_____端口。系统工作指示灯可接 PLC 的输出继电器_____端口。

（2）根据任务要求，用_____指令来设置 FX_{2N}-4AD 模块的参数，用_____指令来实现液位传感器（实为压力传感器）的模拟量信号（4~20mA），通过 FX_{2N}-4AD 模块和 PLC 的扩展连接，转换的数字量数据储存在 PLC 的数据寄存器____中，并可考虑用_____指令对液位数字量数据进行比较。当液位在低位时，启动抽水泵抽水，可用 PLC 的输出继电器_____控制；当液位升至高位时，停止抽水，启动电热丝加热，可用 PLC 的输出继电器_____控制；加热温度达到 40℃ 时，停止加热。延时一段时间，启动电磁阀放水，可用 PLC 的输出继电器_____控制。放水至低水位，又启动水泵抽水，如此循环往复。

（3）根据任务要求，你可设想控制程序如下（参考方案），如图 1-43 所示。

梯形图说明
系统启动，工作指示灯亮
开启电磁阀放水
FX$_{2N}$-4AD 模块识别码校对
FX$_{2N}$-4AD 模块中 BFM 参数设置
A/D 转换的平均值存于 PLC 的 D1~D3 中
将 D1~D3 的数据传送给 D10~D12 中
比较压力传感器的数值是否在高、低水位
比较反应釜中温度是否达到 40℃

```
0   X000  X001                                    ( Y000 )
    ├─┤ ├──┤/├─────────────────────────────────────
    │ Y000
    ├─┤ ├─

5   X000  M11  Y002  Y003  Y000                   ( Y001 )
    ├─┤ ├──┤/├──┤/├──┤/├──┤ ├────────────────────
    │  T1
    ├─┤ ├─
    │ Y001
    ├─┤ ├─

15  M8002
    ├─┤ ├───────────────────[FROM  K0  K30  D0  K1 ]
    │
    └──────────────────────[CMP  K2010  D0  M0 ]

32  M1
    ├─┤ ├───────────────────[TO  K0  K0  H3111  K1 ]
    │
    ├──────────────────────[TO  K0  K1  K4  K3 ]
    │
    ├──────────────────────[FROM  K0  K5  D1  K3 ]
    │
    ├──────────────────────[MOV  D1  D10 ]
    │
    ├──────────────────────[MOV  D2  D11 ]
    │
    └──────────────────────[MOV  D3  D12 ]

75  Y000
    ├─┤ ├───────────────────[CMP  K0  D2  M10 ]
    │
    └──────────────────────[CMP  K12  D2  M20 ]

90  Y000  Y002
    ├─┤ ├──┤/├──────────────[CMP  K400  D1  M30 ]
```

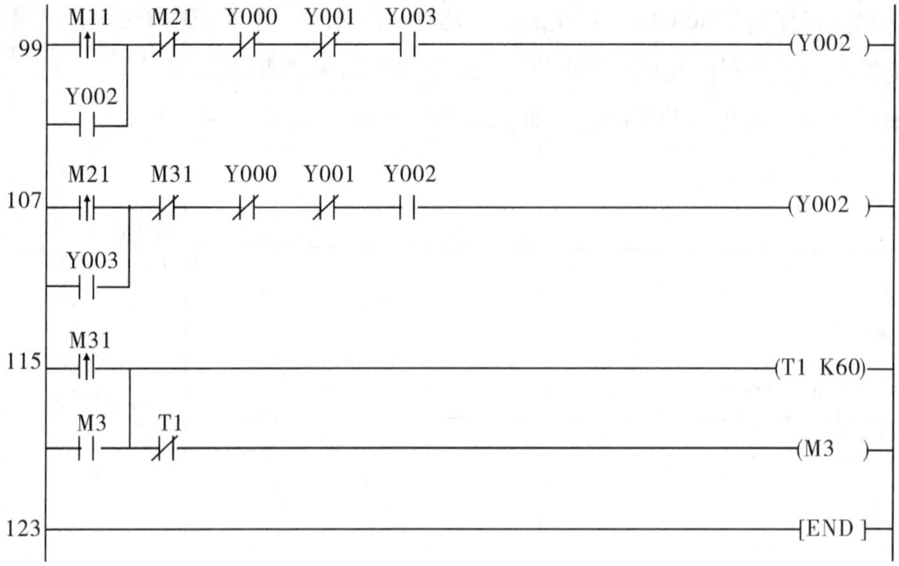

图 1-43 控制程序

图 1-43 控制程序的主要功能如其右边注释所示。

六、任务计划（决策）

（1）按照前面的知识内容，绘制压力传感器与 FX_{2N}-4AD 模块的接线图。

（2）按照任务目标和任务要求，制定 PLC 的 I/O 分配，并填写于表 1-18 中。

表 1-18 PLC 的 I/O 分配表

输入			输出		
输入继电器	元件代号	作用	输出继电器	元件代号	作用

（3）按照 PLC 的 I/O 分配表，绘制 PLC 的 I/O 接线图。

（4）按照任务要求，描述本组的编程思路。

（5）每组派代表上台展示本组所设计的压力传感器、温度传感器与 $FX_{2N}-4AD$ 模块的接线图，以及 PLC 的 I/O 接线图。

（6）各组派代表上台讲述本组的编程思路和实施步骤。

（7）其他组的同学给你们提供的意见或建议，请记录在下面。

七、任务实施

（1）根据制订的任务方案领取实施任务所需要的工具及材料。

为了完成工作任务，每个工作小组需要向仓库工作人员借用工具及领取材料。

表1-19　借用工具清单

序号	名称	数量	规格	单位	借出时间	借用人签名	归还时间	归还人签名	管理员签名	备注

表1-20　领用材料清单

序号	名称	规格型号	单位	申领数量	实发数量	归还时间	归还人签名	管理员签名	备注

（2）按照绘制的压力传感器与 FX_{2N} -4AD 模块的接线图、PLC 的 I/O 接线图，连接工作岛的通信线，连接 PLC 面板上的输入/输出端子、扩展模块端子与接口模块的接线，如图1-44、图1-45所示。

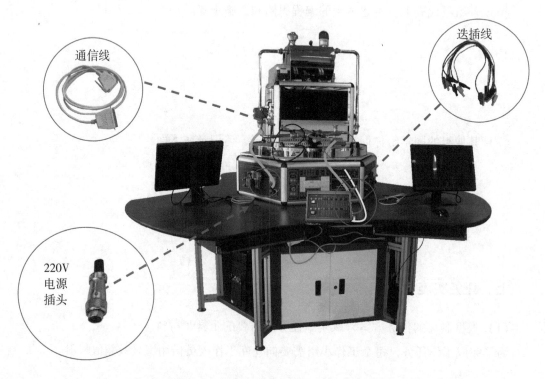

图1-44　传感器岛各模块连接示意图

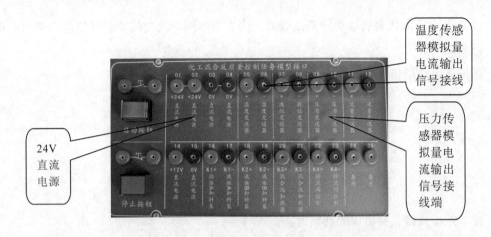

图 1 - 45　压力传感器、温度传感器模拟量电流输出信号接线端子图

（3）用 PLC 与 FX_{2N} - 4AD 模块设计出化工反应釜的控制程序（梯形图）。

①PLC 的 I/O 分配表和接线图。

②控制系统任务要求。

③把设计的控制程序填写在下面。

（4）将本组的程序拿来与其他组的程序进行对比，发现异同，在组内和组间进行充分的讨论，得出最佳程序，并下载到 PLC 中进行调试运行。

八、任务评价

（1）各小组派代表展示程序梯形图（利用投影仪），并解释含义。

（2）各小组派代表展示功能调试效果，接受全体同学的检阅，测试控制要求的实现情况，记录如下。

当按下启动按钮，会出现的现象为：

按下停止按钮，会出现的现象为：

在控制过程中，当放水液位降至最低位时，出现的现象为：

当抽水液位至高位时，出现的现象为：

当水温加热至40℃时，出现的现象为：

其他小组提出的建议：

（3）学生自我评价与总结。

（4）小组评价与总结。

（5）教师评价（根据各小组学生完成任务的表现，给予综合评价，同时给出该工作任务的正确答案供学生参考）。

（6）清洁保养及"6S"处理。

所有测试完毕后，检测工作台设备各种功能是否正常，关闭技能岛总电源，进行拆线，清点工具及实习材料，维护保养仪器设备，确保其在最佳状态下工作，并对工作岗位进行"6S"处理，归还所借的工具、量具和实习工件。

（7）评价表。

表1-21 "压力传感器在化工混合反应釜中的应用"任务评价表

班级：＿＿＿＿＿＿＿＿＿

小组：＿＿＿＿＿＿＿＿＿　　　指导教师：＿＿＿＿＿＿＿＿

姓名：＿＿＿＿＿＿＿＿＿　　　日期：＿＿＿＿＿＿＿＿＿＿

评价项目	评价标准	评价依据	评价方式			权重	得分小计
			学生自评（20%）	小组互评（30%）	教师评价（50%）		
职业素养	1. 遵守企业规章制度、劳动纪律 2. 按时按质完成工作任务 3. 积极主动承担工作任务，勤学好问 4. 人身安全与设备安全 5. 工作岗位"6S"完成情况	1. 出勤 2. 工作态度 3. 劳动纪律 4. 团队协作精神				0.3	
专业能力	1. 理解压力传感器的工作原理和应用范围 2. 熟悉压力传感器的结构类型和特点 3. 能设计出压力传感器与PLC连接的接线图、化工反应釜自动控制程序，并能调试 4. 具有较强的信息分析处理能力	1. 操作的准确性和规范性 2. 工作页或项目技术总结完成情况 3. 专业技能任务完成情况				0.5	
创新能力	1. 在任务完成过程中能提出有一定见解的方案 2. 在教学或生产管理上提出建议，应具有创新性	1. 方案的可行性及意义 2. 建议的可行性				0.2	
合计							

任务 ⑤ 流量传感器在化工混合反应釜中的应用

一、任务名称

流量传感器在化工混合反应釜中的应用。

二、任务描述

（1）流量传感器（KZLWA-10）的工作原理及接线方法。

（2）FX_{2N}-4AD 扩展功能模块的使用方法。

三、任务要求

（1）采用流量传感器、FX_{2N}-4AD 模块与 PLC 控制化工混合反应釜单元。

（2）运用 FX_{2N}-4AD 模块作流量传感器、温度传感器的 A/D 数据转换，用 PLC 进行编程，实现化工混合反应釜的水位和温度控制。

（3）控制要求。

①控制系统设有启动、停止按钮，并有工作指示灯指示。

②系统工作时，先启动放水，当放水到水箱低水位时，由压力传感器控制电磁阀停止放水，延时 1 分钟，启动加水水泵抽水，抽水时，由流量传感器控制进入水箱中的水流量，当到达水箱高水位时（由流量传感器控制），停止抽水。接通电热丝加热，当加热到 45℃时，停止加热（由温度传感器控制），延时 2 分钟，接通电磁阀放水，至低水位时，停止放水，延时 1 分钟，再启动加水水泵抽水，如此循环往复。

③加热箱供水由电动水泵完成，放水由电磁阀完成，低水位由压力传感器控制（通过测量管网压力大小来控制水箱液位），高水位由流量传感器计算出总流量控制，水温由温度传感器控制。

（4）各小组发挥团队合作精神，共同设计出流量传感器与 PLC 接线图、PLC 的 I/O 分配表与接线图，并设计出 PLC 的控制程序，下载到 PLC 中，验证程序功能，调整、优化程序。

四、能力目标

（1）能根据控制要求的描述，理解流量传感器的原理和作用。

（2）能根据控制要求的描述，绘制出流量传感器、$FX_{2N}-4AD$ 扩展功能模块和 PLC 连接的接线图。

（3）能根据控制要求的描述，合理分配 PLC 的 I/O 点，绘制出 PLC 的 I/O 接线图。

（4）能根据控制要求的描述，正确理解控制功能，合理编写出满足控制要求的控制程序。

（5）能将程序下载到 PLC 中，并根据控制要求，调试、优化程序。

五、任务准备

1. 流量概述

流量是工业生产中一个重要参数。工业生产过程中，很多原料、半成品、成品是以液体状态出现的，因此流量的测量和控制是生产过程自动化的重要环节。

单位时间内流过管道某一截面的流体数量，称为瞬时流量。瞬时流量有体积流量和质量流量之分。而在某一段时间间隔内流过管道某一截面的流体量的总和，即瞬时流量在某一段时间内的累积值，称为总量或累积流量。

体积流量 q_v：单位时间内通过某截面的流体体积，单位为 m^3/s。根据定义，如果流体在该截面上的流速处处相等，体积流量可用下式表示：

$$q_v = vA$$

质量流量 q_m：单位时间内通过某截面的流体质量，单位为 kg/s。根据定义，质量流量可用下式表示：

$$q_m = \rho vA$$

工程上讲的流量常指瞬时流量，下面若无特别说明均指瞬时流量。

流体的密度受流体的工作状态（如温度、压力）影响。对于液体，压力变化对密度的影响非常小，一般可以忽略不计。温度对密度的影响要大一些，一般温度每变化 10℃ 时，液体密度的变化在 1% 以内，所以当温度变化不是很大，测量准确度要求不是很高的情况下，往往也可以忽略不计。对于气体，密度受温度、压力变化影响较大，如在常温常压附近，温度每变化 10℃，密度变化约为 3%；压力每变化 10kPa，密度变化约为 3%。因此在测量气体流量时，必须同时测量流体的温度和压力。为了便于比较，常将在工作状态下测得的体积流量换算成标准状态下（温度为 20℃，压力为 101 325Pa）的体积流量，用符号 q_{vN} 表示，单位为 Nm^3/s。目前流量测量的方法很多，一般可分为以下三大类。

（1）速度式：速度式流量传感器大多通过测量流体在管路内已知截面流过的流速大小来实现流量测量。它是利用管道中流量敏感元件（如孔板、转子、涡轮、靶子、非线性物体等）把流体的流速变换成压差、位移、转速、冲力、频率等对应的信号来间接测量流量。

（2）容积式：容积式流量传感器是根据已知容积的容室在单位时间内所排出流体的次

数来测量流体的瞬时流量和总量。常用的有椭圆齿轮、旋转活塞式和刮板等流量传感器。

（3）质量式：质量式流量传感器有两种，一种是根据质量流量与体积流量的关系，测出体积流量再乘以被测流体密度的间接质量流量传感器，如工程上常用的采取温度、压力自动补偿的补偿式质量流量传感器。另一种是直接测量流体质量流量的直接式质量流量传感器，如热式、惯性力式、动量矩式等质量流量传感器。直接法测量具有不受流体的压力、温度、黏度等变化影响的优点，是一种正在发展的质量流量传感器。

2. 差压式流量传感器

差压式流量传感器又称节流式流量传感器，它是利用管路内的节流装置，将管道中流体的瞬时流量转换成节流装置前后压力差的原理来实现。差压式流量传感器的流量测量系统主要由节流装置和差压计（或差压变送器）组成，如图 1-46 所示。节流装置的作用是把被测流体的流量转换成差压信号，差压计则对差压信号进行测量并显示测量值，差压变送器能把差压信号转换为与流量对应的标准电信号，以供显示、记录或控制。

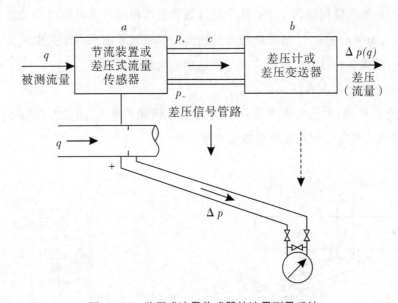

图 1-46　差压式流量传感器的流量测量系统

（1）节流装置。

节流装置是差压式流量传感器的流量敏感检测元件，是安装在流体流动的管道中的阻力元件。常用的节流元件有孔板、喷嘴、文丘里管。它们的结构形式、相对尺寸、技术要求、管道条件和安装要求等均已标准化，故又称标准节流元件，如图 1-47 所示。其中孔板最简单又最为典型，加工制造方便，在工业生产过程中常被采用。

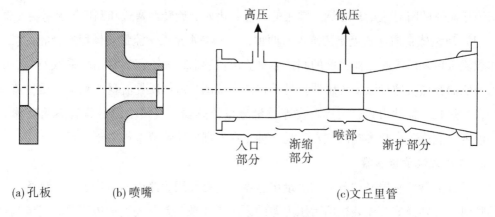

图 1-47　标准节流元件

（2）测量原理。

在管道中流动的流体具有动压能和静压能，在一定条件下这两种形式的能量可以相互转换，但参与转换的能量总和不变。用节流装置测量流量时，流体流过节流装置前后，产生压力差 Δp（$\Delta p = p_1 - p_2$），且流过的流量越大，节流装置前后的压差也越大，流量与压差之间存在一定关系，这就是差压式流量传感器的流量测量原理。

（3）差压式流量检测系统。

差压式流量检测系统由节流装置、压力信号管路及差压计或差压变送器等组成，图 1-48 为差压式流量检测系统的结构示意图。

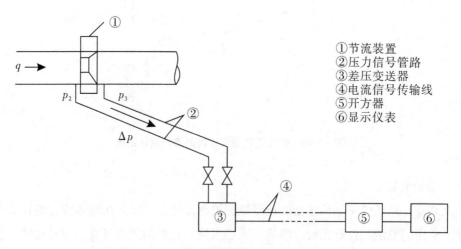

①节流装置
②压力信号管路
③差压变送器
④电流信号传输线
⑤开方器
⑥显示仪表

图 1-48　差压式流量检测系统结构示意图

节流装置将被测流体的流量值变换成差压信号 Δp，节流装置输出的差压信号由压力信号管路输送到差压变送器（或差压计）。由流量基本方程式推导出，被测流量与差压 Δp

成平方根关系。直接配用差压计显示流量时，流量标尺是非线性的，为了得到线性刻度，可加开方运算电路或加开方器。如差压变送器带有开方运算，变送器的输出电流就与流量为线性关系。显示仪表则显示流量的大小。

3. 电磁流量传感器

电磁流量传感器根据法拉第电磁感应定律来测量导电性液体的流量。如图 1 - 49 所示，在磁场中安置一段不导磁、不导电的管道，管道外面安装一对磁极，当有一定电导率的流体在管道中流动时就切割磁力线。与金属导体在磁场中的运动一样，在导体（流动介质）的两端也会产生感应电动势，由设置在管道上的电极导出。该感应电动势的大小与磁感应强度、管径大小、流体流速大小有关。

即
$$E_x = BDv$$

式中：B——磁感应强度（T）；

D——管道内径，相当于垂直切割磁力线的导体长度（m）；

v——导体的运动速度，即流体的流速（m/s）；

E_x——感应电动势（V）。

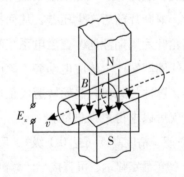

图 1 - 49　电磁流量传感器原理

电磁流量传感器产生的感应电动势信号很微小，需通过电磁流量转换器来显示流量。常用的电磁流量转换器能把传感器的输出感应电动势信号放大并转换成标准电流（0 ~ 10 mA 或 4 ~ 20 mA）信号或一定频率的脉冲信号，配合单元组合仪表或计算机对流量进行显示、记录、运算、报警和控制等。

4. 涡轮流量传感器

涡轮流量传感器类似于叶轮式水表，是一种速度式流量传感器。图 1 - 50 为涡轮流量传感器的结构示意图。它是在管道中安装一个可自由转动的叶轮，流体流过叶轮使叶轮旋转，流量越大，流速越高，则动能越大，叶轮转速也越高。测量出叶轮的转速或频率，就可确定流过管道的流体流量和总量。

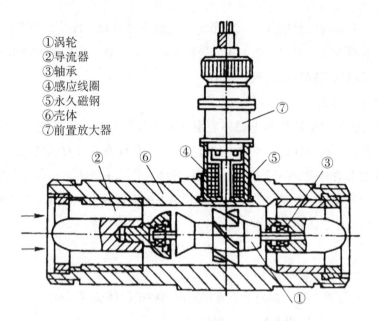

①涡轮
②导流器
③轴承
④感应线圈
⑤永久磁钢
⑥壳体
⑦前置放大器

图 1-50　涡轮流量传感器的结构示意图

涡轮由高导磁的不锈钢制成，线圈和永久磁钢组成磁电感应转换器。测量时，当流体通过涡轮叶片与管道的间隙时，对叶片前后产生压差，从而推动叶片，使涡轮旋转，在涡轮旋转的同时，高导磁性的涡轮叶片周期性地改变磁电系统的磁阻值，使通过线圈的磁通量发生周期性的变化，因而在线圈两端产生感应电动势，该电动势经过放大和整形，便可得到足以测出频率的方波脉冲，脉冲的频率与涡轮转速成正比，即与流过流体的流量成正比。如果将脉冲送入计数器，就可以求得累积总量。

涡轮流量传感器具有安装方便、精度高（可达 0.1 级）、反应快、刻度线性好、量程宽等特点，此外还具有信号易远传、便于数字显示、可直接与计算机配合进行流量计算和控制等优点。它广泛应用于石油、化工、电力等工业，气象仪器和水文仪器中也常用涡轮测风速和水速。

5. 化工混合反应釜中的流量传感器

传感器工作岛中的化工混合反应釜中只有一个流量传感器，型号是 KZLWA-10，流量范围为 0.2~1.2m³/h，输出信号为电流 4~20mA，为涡轮流量传感器，用它可以计量出 A 泵在规定时间内抽出水的总流量。

化工混合反应釜中流量传感器的结构、安装位置和接线图如图 1-51 所示。

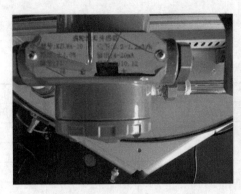

（a）结构外形

（b）安装位置

（c）流量传感器盒内的接线

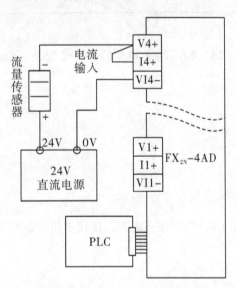

（d）流量传感器与 FX_{2N} -4AD 模块的接线图

图 1-51　流量传感器的结构、安装位置和接线图

六、任务计划（决策）

（1）按照前面的知识内容，绘制出流量传感器与 FX_{2N} -4AD 模块的接线图。

（2）按照任务目标和任务要求，制定 PLC 的 I/O 分配，并填写于表 1 – 22 中。

表 1 – 22　PLC 的 I/O 分配表

输入			输出		
输入继电器	元件代号	作用	输出继电器	元件代号	作用

（3）按照制定 PLC 的 I/O 分配表，绘制 PLC 的 I/O 接线图。

（4）按照任务要求，描述本组的编程思路。

（5）每组派代表上台展示本组所绘出的流量传感器与 FX_{2N} – 4AD 模块、PLC 的 I/O 接线图。

（6）各组派代表上台讲述本组的编程思路和实施步骤。

（7）其他组的同学给你们提供的意见或建议，请记录在下面。

七、任务实施

（1）根据制订的任务方案领取实施任务所需要的工具及材料。

为了完成工作任务，每个工作小组需要向仓库工作人员借用工具及领取材料。

表 1 – 23　借用工具清单

序号	名称	数量	规格	单位	借出时间	借用人签名	归还时间	归还人签名	管理员签名	备注

表 1 – 24　领用材料清单

序号	名称	规格型号	单位	申领数量	实发数量	归还时间	归还人签名	管理员签名	备注

（2）按照绘制的流量传感器与 FX_{2N} –4AD 模块的接线图及 PLC 的 I/O 接线图，连接工作岛的通信线，连接 PLC 面板上的输入/输出端子、扩展模块端子与接口模块的接线，如图 1 –52、图 1 –53 所示。

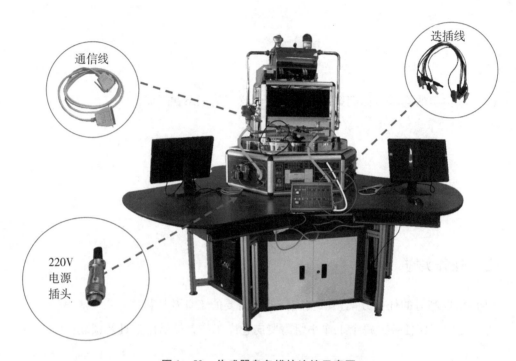

图 1 –52　传感器岛各模块连接示意图

图 1 –53　压力传感器、流量传感器模拟量电流输出信号接线端子图

（3）用 PLC 与 FX_{2N} –4AD 模块设计出满足控制要求的控制程序（梯形图）。

①PLC 的 I/O 分配表和接线图。

②控制系统任务要求。

③SX – CSET – JD06 工作岛上的综合反应釜所用的流量传感器是＿＿＿＿＿＿流量传感

器，型号为_____，量程范围是_____ m³/h，输出信号是_____。

④根据控制要求，设计控制程序。图 1 – 54 显示的是供参考的控制程序。

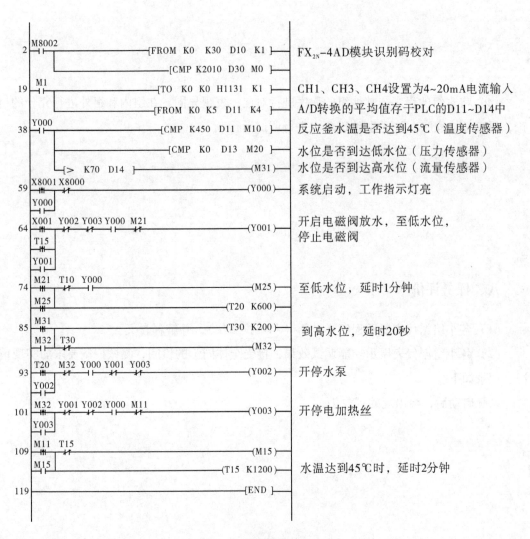

梯形图	说明
2 M8002 [FROM K0 K30 D10 K1]	FX₂N–4AD模块识别码校对
[CMP K2010 D30 M0]	
19 M1 [TO K0 K0 H1131 K1]	CH1、CH3、CH4设置为4~20mA电流输入
[FROM K0 K5 D11 K4]	A/D转换的平均值存于PLC的D11~D14中
38 Y000 [CMP K450 D11 M10]	反应釜水温是否达到45℃（温度传感器）
[CMP K0 D13 M20]	水位是否到达低水位（压力传感器）
[> K70 D14] (M31)	水位是否到达高水位（流量传感器）
59 X8001 X8000 (Y000) Y000	系统启动，工作指示灯亮
64 X001 Y002 Y003 Y000 M21 (Y001) T15 Y001	开启电磁阀放水，至低水位，停止电磁阀
74 M21 T10 Y000 (M25) M25 (T20 K600)	至低水位，延时1分钟
85 M31 (T30 K200) M32 T30 (M32)	到高水位，延时20秒
93 T20 M32 Y000 Y001 Y003 (Y002) Y002	开停水泵
101 M32 Y001 Y002 Y000 M11 (Y003) Y003	开停电加热丝
109 M11 T15 (M15) M15 (T15 K1200)	水温达到45℃时，延时2分钟
119 [END]	

图 1 – 54　梯形图控制程序

⑤请解释程序的意思，并用文字描述出来。

⑥把设计的传感器工作岛控制程序填写在下面。

（4）将本组的程序与其他组的程序进行对比，发现异同，在组内和组外进行充分的讨论，得出最佳程序，并下载到 PLC 中进行调试运行。

八、任务评价

（1）各小组派代表展示程序梯形图（利用投影仪），并解释含义。

（2）各小组派代表展示功能调试效果，接受全体同学的检阅，测试控制要求的实现情况，记录如下。

系统启动后，会出现的现象为：

放水至低水位时，压力传感器的作用为：

流量传感器在控制程序中的作用为：

系统循环的过程为：

其他小组提出的建议：

（3）学生自我评价与总结。

（4）小组评价与总结。

（5）教师评价（根据各小组学生完成任务的表现，给予综合评价，同时给出该工作任务的正确答案供学生参考）。

（6）清洁保养及"6S"处理。

所有测试完毕后，检测工作台设备各种功能是否正常，关闭技能岛总电源，进行拆线，清点工具及实习材料，维护保养仪器设备，确保其在最佳状态下工作，并对工作岗位进行"6S"处理，归还所借的工具、量具和实习工件。

（7）评价表。

表1-25　"流量传感器在化工混合反应釜中的应用"任务评价表

班级：＿＿＿＿＿＿＿＿＿ 小组：＿＿＿＿＿＿＿＿＿ 姓名：＿＿＿＿＿＿＿＿＿		指导教师：＿＿＿＿＿＿＿＿＿ 日期：＿＿＿＿＿＿＿＿＿					
评价 项目	评价标准	评价依据	评价方式			权重	得分 小计
			学生 自评 （20%）	小组 互评 （30%）	教师 评价 （50%）		
职业 素养	1. 遵守企业规章制度、劳动纪律 2. 按时按质完成工作任务 3. 积极主动承担工作任务，勤学好问 4. 人身安全与设备安全 5. 工作岗位"6S"完成情况	1. 出勤 2. 工作态度 3. 劳动纪律 4. 团队协作精神				0.3	

（续上表）

评价项目	评价标准	评价依据	评价方式			权重	得分小计
			学生自评（20%）	小组互评（30%）	教师评价（50%）		
专业能力	1. 理解流量传感器的工作原理和应用范围 2. 熟悉流量传感器的结构类型和特点 3. 能设计出流量传感器与PLC连接的接线图、传感器技能工作岛恒温装置控制程序，并能调试 4. 具有较强的信息分析处理能力	1. 操作的准确性和规范性 2. 工作页或项目技术总结完成情况 3. 专业技能任务完成情况				0.5	
创新能力	1. 在任务完成过程中能提出有一定见解的方案 2. 在教学或生产管理上提出建议，应具有创新性	1. 方案的可行性及意义 2. 建议的可行性				0.2	
合计							

任务 ⑥ 液位传感器在化工混合反应釜中的应用

一、任务名称

液位传感器在化工混合反应釜中的应用。

二、任务描述

（1）液位传感器的工作原理及接线方法。

（2）$FX_{2N}-4AD$ 扩展功能模块的使用方法。

三、任务要求

（1）采用液位传感器、FX_{2N}–4AD 模块与 PLC 控制化工混合反应釜单元。

（2）运用 FX_{2N}–4AD 模块进行液位传感器的 A/D 数据转换，用 PLC 进行编程，实现化工混合反应釜的水位控制。

（3）控制要求。

①控制系统设有启动、停止按钮，并有工作指示灯指示。

②系统工作时，先启动放水，当放水到水箱低水位时，由液位传感器控制电磁阀停止放水，延时 1 分钟，启动 A 泵加水，到达中水位时，停止 A 泵抽水，接通电热丝加热，2 分钟后，接通 B 泵加水，至高水位时停止 B 泵抽水，加热温度至 40℃时，停止加热，再延时 2 分钟，接通电磁阀放水，至低水位时，停止放水，延时 1 分钟，再启动 A 泵加水，如此循环往复。

③加热箱供水由 A、B 泵完成，放水由电磁阀完成，水位由液位传感器控制，水温由温度传感器控制。

（4）各小组发挥团队合作精神，共同设计出液位传感器与 PLC 连接的接线图，PLC 的 I/O 分配表与接线图，并设计出 PLC 的控制程序，下载到 PLC 中，验证程序功能，调整、优化程序。

四、能力目标

（1）能根据控制要求的描述，理解液位传感器的原理和作用。

（2）能根据控制要求的描述，绘制出液位传感器、FX_{2N}–4AD 扩展功能模块和 PLC 连接的接线图。

（3）能根据控制要求的描述，合理分配 PLC 的 I/O 点，绘制出 PLC 的 I/O 接线图。

（4）能根据控制要求的描述，正确理解控制功能，合理编写出满足控制要求的控制程序。

（5）能将程序下载到 PLC 中，并根据控制要求，调试、优化程序。

五、任务准备

1. 液位的概述

在工业生产中，常常用到储液容器等设备。储积的液体与上面的空气或其他气体的分界面统称为液位，用来测量液位的仪表称为液位传感器。液位测量利用液位传感器将非电量的液位参数转换为便于测量的电信号，通过电信号的计算和处理，可以确定液位的高低。

2. 液位传感器的分类

液位传感器的种类多种多样（如表 1-26 所示），分类方法也很多。按照测量方法可分为接触式和非接触式；按工作原理可分为直读式、浮力式、静压式、电容式、核辐射式、超声波式以及激光式、微波式等。

虽然液位传感器的种类多样，但每种液位传感器都有自己的特点、测量范围及适用场所。在组建液位测量系统时，可以根据测量范围、被测对象、测量精度及结构、功能、价格等因素，选择相应的液位传感器进行检测。在这里我们重点介绍浮力式、电容式、超声波式液位传感器的结构、原理及应用。

表 1-26　液位传感器

测量方式	物理效应	液位传感器种类		
接触式液位传感器	浮力式	浮力式液位传感器		平衡浮筒式液位传感器
	压差式	静压式液位传感器		
	电容式	电容式液位传感器		

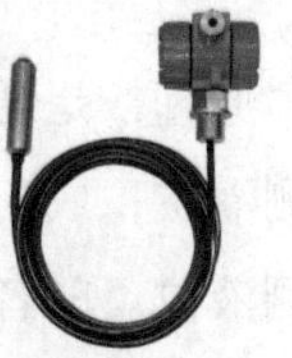

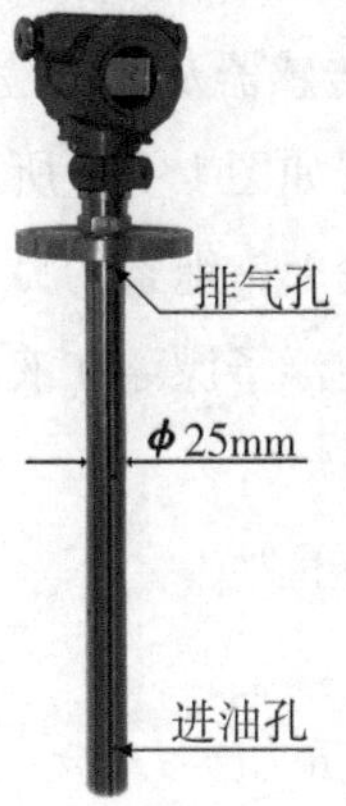

排气孔

$\phi 25mm$

进油孔

（续上表）

测量方式	物理效应	液位传感器种类
非接触式 液位传感器	超声波式	
	射线式	
	雷达式	

3. 浮力式液位传感器

浮力式液位检测的基本原理，是通过测量漂浮于被测液面上的浮子（也称浮标）随液面变化而产生的位移来检测液位；或利用沉浸在被测液体中的浮筒（也称沉筒）所受的浮力与液面位置的关系来检测液位。前者一般称为恒浮力式检测（也称浮子式），后者一般称为变浮力式检测。

（1）恒浮力式液位传感器及液位检测。

恒浮力式液位传感器如图 1 – 55 所示，其检测原理如图 1 – 56 所示，将液面上的浮子用绳索连接并悬挂在滑轮上，绳索的另一端挂有平衡重锤，利用浮子所受重力和浮力之差与重锤的重力相平衡，使浮子漂浮在液面上。其平衡关系为：

$$W - F = G$$

式中：W——浮子的重力；

F——浮力；

G——重锤的重力。

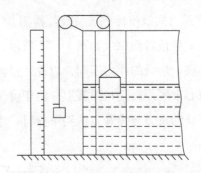

图 1-55　恒浮力式液位传感器　　　图 1-56　恒浮力式液位传感器的检测原理图

　　当液位上升时，浮子所受浮力 F 增大，则 $W-F<G$，原有平衡关系被破坏，浮子在重锤重力作用下向上移动。但浮子向上移动的同时，浮力 F 下降，$W-F$ 增大，直到 $W-F$ 又重新等于 G 时，浮子将停留在任何高度的液面上，F 值不变，故称此法为恒浮力法。该方法的实质是通过浮子把液位的变化转换成机械位移（线位移或角位移）的变化。

　　图 1-55 所示的恒浮力式液位传感器只能用于常压或敞口容器，通常只能就地指示。由于传动部分暴露在周围环境中，使用时间越久摩擦增大，液位传感器的误差就会相应增大，因此，目前这种液位传感器测量精度为厘米级。

　　如图 1-57（a）所示，在密闭容器中设置一个测量液位的通道。在通道的外侧装有浮标和磁铁；通道内侧装有铁心。当浮子随液位上下移动时，铁心被磁铁吸引而同步移动，通过绳索带动指针指示液位的变化。如图 1-57（b）所示，适用于高温、黏度大的液体的液位传感器，浮球是不锈钢的空心球，通过连杆和转动轴连接，配合秤锤用来调节液位传感器的灵敏度，使浮球刚好有一半浸没在液体中。浮球随液位升降而带动转轴旋转，指针就在标尺上指示液位值。

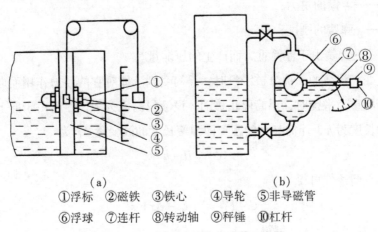

（a）　　　　　　　　　　　　（b）

①浮标　②磁铁　③铁心　④导轮　⑤非导磁管
⑥浮球　⑦连杆　⑧转动轴　⑨秤锤　⑩杠杆

图 1-57　浮力式液位传感器示意图

（2）变浮力式液位传感器及液位检测。

变浮力式液位检测原理如图 1 - 58 所示，它是利用浮筒实现液位检测的。浮筒被液体浸没高度不同，所受的浮力不同，以此来检测液位的变化。将一横截面积为 S、质量为 m 的圆筒形空心金属浮筒挂在弹簧上，由于弹簧的另一端被固定，因此弹簧因浮筒的重力被压缩，当浮筒的重力与弹簧力达到平衡时，浮筒才停止移动。

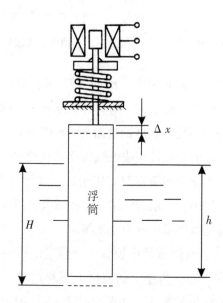

图 1 - 58　变浮力式液位传感器原理图

浮筒重力与弹簧力的平衡条件为：

$$x_0 \cdot C = G$$

式中：G——浮筒的重力；

　　　C——弹簧的刚度；

　　　x_0——弹簧由于浮筒重力而产生的压缩量。

当液位改变、浮筒的一部分被浸没时，浮筒受到液体对它的浮力作用而向上移动；当弹簧力和浮筒的重力平衡时，浮筒停止移动。设液位高度为 H，浮筒由于向上移动实际浸没在液体中的长度为 h，浮筒移动的距离即弹簧长度的改变量 Δx 为

$$\Delta x = H - h$$

根据力的平衡条件可得

$$G - F_浮 = (x_0 - \Delta x) C$$

将 $x_0 \cdot C = G$ 代入上式，可得

$$F_浮 = \Delta x C$$

一般情况下，$h \geqslant \Delta x$，故可认为 $H = h$，从而被测液位高度 H 可表达为

$$H = \Delta x C / S\rho g$$

式中：ρ——浸没浮筒的液体密度。

可见，当液位变化时，浮筒产生位移，其位移量 Δx 与液位高度 H 成正比。因此，变浮力液位检测方法实质上就是将液位转换成敏感元件浮筒的位移变化。

（3）常用的浮力式液位传感器。

浮力式液位传感器结构简单，性能可靠，不仅能检测液位，还能检测界面，应用于水利、污水处理、制水行业、循环水工艺等过程。其中电缆式浮球液位传感器（开关量）应用广泛，常用于水槽、水池等液位的控制。它基于恒浮力式液位测量原理进行工作。由于它的结构是注塑一体成形，所以其结构坚固，价格低，寿命长。对于长距离、多点液位控制、沉水泵或含有粒状/杂质的液体更能显示其优势。此外，它还具有安装简单、安全可靠、无毒环保、免维护等优点。电缆式浮球液位传感器的外形如图 1 – 59 所示，其结构尺寸如图 1 – 60 所示。

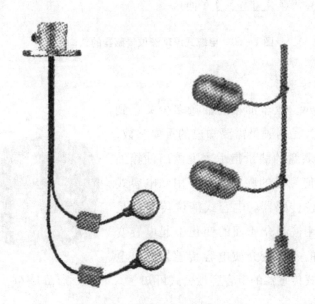

图 1 – 59　电缆式浮球液位传感器

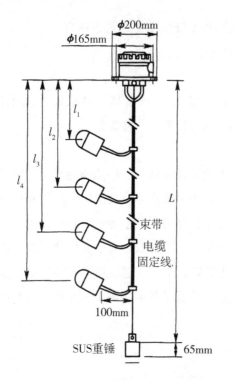
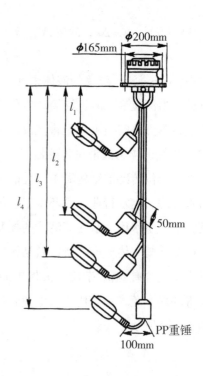

图 1-60　电缆式浮球液位传感器的结构尺寸

4. 电容式液位传感器

如图 1-61 所示，汽车油箱的油量多少关系到可持续行车的里程，是驾驶员需要知道的重要参数，我们可以从汽车仪表盘的油量指示表上读出油箱油量，那么油量是如何测量的呢？这就要用到电容式液位传感器。电容式液位传感器是利用被测介质面的变化引起电容变化的一种变介质电容传感器。由电容式传感器的电容容量公式可知

图 1-61　汽车油箱

$$C = \frac{\varepsilon A}{d}$$

图 1-62　电容式液位传感器的结构外形

根据被测参数的变化，电容式液位传感器可分为：变极距型电容传感器（d）、变面积型电容传感器（A）、变介质型电容传感器（ε）。而电容式液位传感器原理是当被测液面高度变化时，非导电的电介质数值将随之发生变化，从而引起电容量的变化的一种传感器。电容式液位传感器的结构外形如图 1-62 所示。

5. 超声波式液位传感器

图 1-63 所示的污水池在处理污水过程中，需要实时地在线监测各种参数，以保证准确的工艺运行参数和及时显示处理结果。由于污水成分比较复杂，具有腐蚀性，因此，选用超声波式液位传感器测量液位。这种测量方法属于非接触测量，可避免因直接与污水接触对传感器探头的损坏，并且反应速度快。智能超声波式液位传感器带有总线接口，具有远传功能，信号可直接输送到 PLC 中，还具有就地显示的功能，其参数设置简单，操作方便。

图 1-63 污水池

图 1-64 所示的超声波式液位传感器利用超声波在气体、液体和固体介质中传播的回声测距原理检测液位。超声波式液位传感器根据测量介质不同分为气介式、液介式和固介式三类。根据工作原理分为单探头形式（即探头既发射又接收超声波）、双探头形式（发射和接收超声波各由一个探头承担），如图 1-65 所示。

图 1-64 超声波式液位传感器

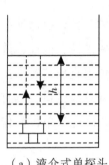
（a）液介式单探头

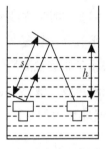
（b）液介式双探头

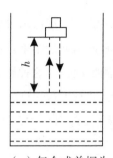
（c）气介式单探头

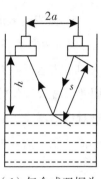
（d）气介式双探头

图 1 - 65　几种超声波式液位传感器的工作原理

6. 化工混合反应釜中的液位传感器

传感器工作岛中的化工混合反应釜中只有一个液位传感器，型号是 YP4021 - 0.2MPa - B - G - 1，输出信号为电流 4 ~ 20mA，为压力式液位传感器，用它可以检测化工混合反应釜中水箱的液位。

化工混合反应釜中液位传感器的结构、安装位置和接线图如图 1 - 66 所示。

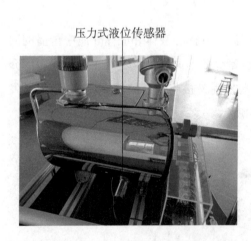
（a）液位传感器的结构外形与安装位置

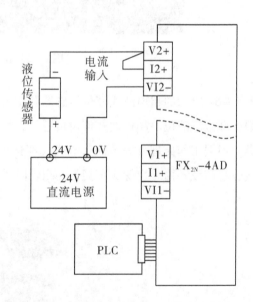
（b）液位传感器与 FX_{2N} - 4AD 模块的接线图

图 1 - 66　液位传感器的结构外形、安装位置与接线图

六、任务计划（决策）

（1）按照前面的知识内容，绘制出液位传感器与 FX_{2N} – 4AD 模块的接线图。

（2）按照任务目标和任务要求，制定 PLC 的 I/O 分配，并填写于表 1 – 27 中。

表 1 – 27　PLC 的 I/O 分配

输入			输出		
输入继电器	元件代号	作用	输出继电器	元件代号	作用

（3）按照制定 PLC 的 I/O 分配表，绘制 PLC 的 I/O 接线图。

（4）按照任务要求，描述本组的编程思路。

（5）每组派代表上台展示本组所绘出的液位传感器与 $FX_{2N}-4AD$ 模块、PLC 的 I/O 接线图。

（6）各组派代表上台讲述本组的编程思路和实施步骤。

（7）其他组的同学给你们提供的意见或建议，请记录在下面。

七、任务实施

（1）根据制订的任务方案领取实施任务所需要的工具及材料。

为了完成工作任务，每个工作小组需要向仓库工作人员借用工具及领取材料。

表 1-28　借用工具清单

序号	名称	数量	规格	单位	借出时间	借用人签名	归还时间	归还人签名	管理员签名	备注

表 1-29 领用材料清单

序号	名称	规格型号	单位	申领数量	实发数量	归还时间	归还人签名	管理员签名	备注

（2）按照绘制的液位传感器与 FX_{2N}-4AD 模块的接线图及 PLC 的 I/O 接线图，连接工作岛的通信线，连接 PLC 面板上的输入/输出端子、扩展模块端子与接口模块的接线，如图 1-67、图 1-68 所示。

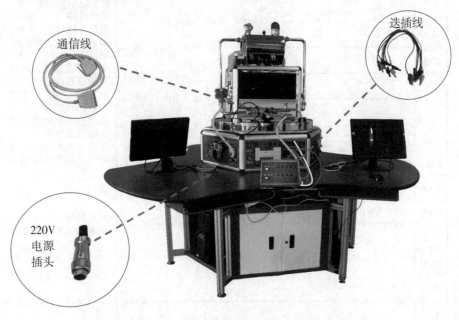

图 1-67 传感器岛各模块连接示意图

图 1-68 液位传感器模拟量电流输出信号和液体 A 泵、B 泵接线端子图

（3）用 PLC 与 FX$_{2N}$ – 4AD 模块设计出满足控制要求的控制程序（梯形图）。

①PLC 的 I/O 分配表和接线图。

②控制系统任务要求。

③SX – CSET – JD06 工作岛上的综合反应釜所用的液位传感器是_____液位传感器，型号为_____，量程范围是_____，输出信号是_____。

④根据控制要求，设计控制程序。参考程序如图 1 – 69 所示。

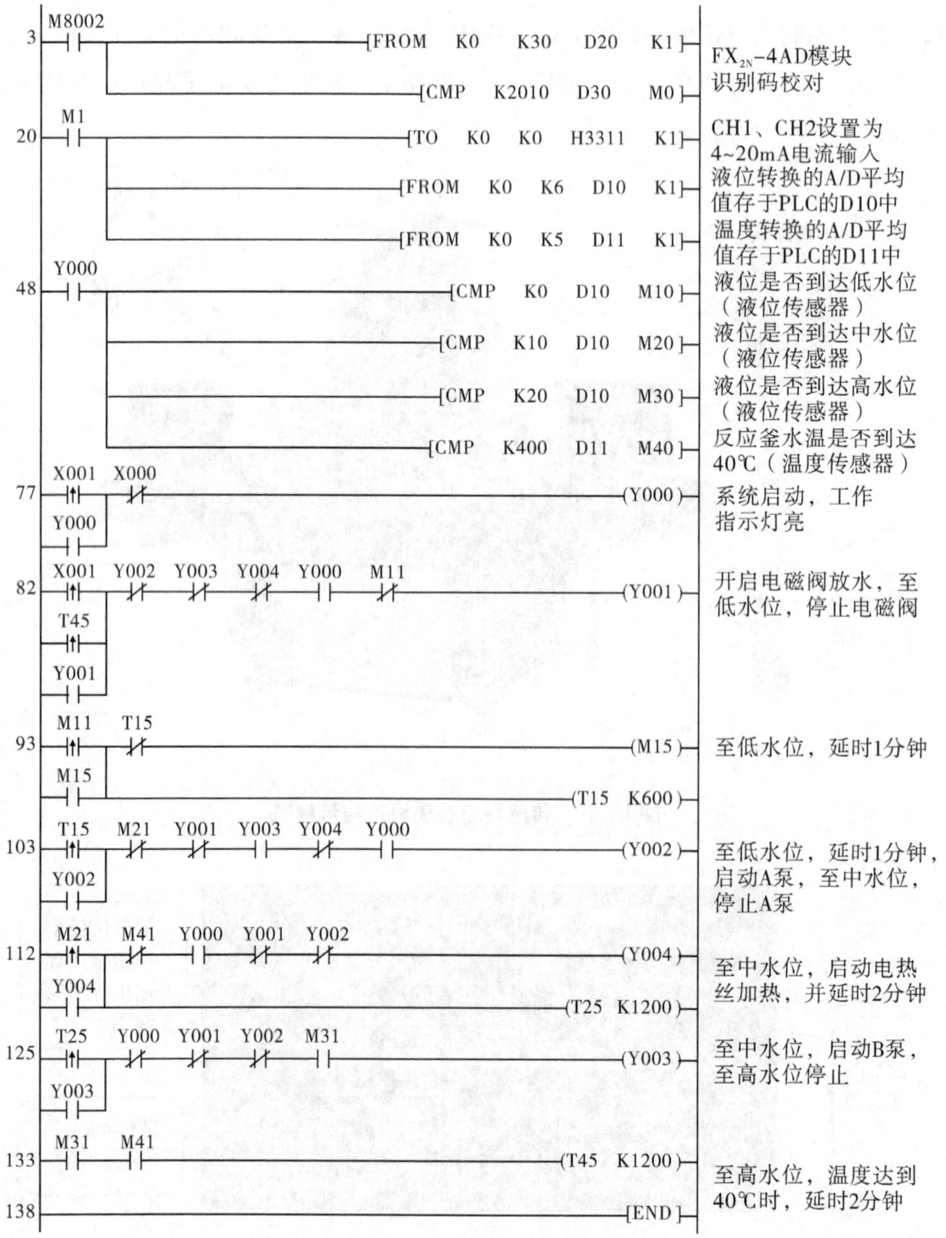

图 1 – 69　液位控制梯形图程序

⑤请解释程序的意思，并用文字描述出来。

⑥把设计的传感器工作岛控制程序填写在下面。

（4）将本组的程序与其他组的程序进行对比，发现异同，在组内和组间进行充分的讨论，得出最佳程序，并下载到 PLC 中进行调试运行。

八、任务评价

（1）各小组派代表展示程序梯形图（利用投影仪），并解释含义。

（2）各小组派代表展示功能调试效果，接受全体同学的检阅，测试控制要求的实现情况，记录如下。

按下启动按钮，会出现的现象为：

液位传感器在低水位、中水位、高水位的作用为：

温度传感器在控制程序中的作用为：

系统循环的过程为：

其他小组提出的建议：

（3）学生自我评价与总结。

（4）小组评价与总结。

（5）教师评价（根据各小组学生完成任务的表现，给予综合评价，同时给出该工作任务的正确答案供学生参考）。

（6）清洁保养及"6S"处理。

所有测试完毕后，检测工作台设备各种功能是否正常，关闭技能岛总电源，进行拆线，清点工具及实习材料，维护保养仪器设备，确保其在最佳状态下工作，并对工作岗位进行"6S"处理，归还所借的工具、量具和实习工件。

（7）评价表。

表 1 – 30　"液位传感器在化工混合反应釜中的应用"任务评价表

班级：＿＿＿＿＿＿＿　小组：＿＿＿＿＿＿＿　姓名：＿＿＿＿＿＿＿		指导教师：＿＿＿＿＿＿＿　日期：＿＿＿＿＿＿＿＿					
评价项目	评价标准	评价依据	评价方式			权重	得分小计
			学生自评（20%）	小组互评（30%）	教师评价（50%）		
职业素养	1. 遵守企业规章制度、劳动纪律 2. 按时按质完成工作任务 3. 积极主动承担工作任务，勤学好问 4. 人身安全与设备安全 5. 工作岗位"6S"完成情况	1. 出勤 2. 工作态度 3. 劳动纪律 4. 团队协作精神				0.3	
专业能力	1. 理解液位传感器的工作原理和应用范围 2. 熟悉液位传感器的结构类型和特点 3. 能设计出液位传感器与PLC连接的接线图、传感器技能工作岛液位控制程序，并能调试 4. 具有较强的信息分析处理能力	1. 操作的准确性和规范性 2. 工作页或项目技术总结完成情况 3. 专业技能任务完成情况				0.5	
创新能力	1. 在任务完成过程中能提出有一定见解的方案 2. 在教学或生产管理上提出建议，应具有创新性	1. 方案的可行性及意义 2. 建议的可行性				0.2	
合计							

任务 7 各种传感器在化工混合反应釜中的应用

一、任务名称

各种传感器在化工混合反应釜中的应用。

二、任务描述

（1）各种传感器的接线方法和综合应用。
（2）$FX_{2N}-4AD$ 扩展功能模块的使用方法。
（3）化工混合反应釜的结构、控制原理和接线。

三、任务要求

（1）采用温度传感器、压力传感器、流量传感器、液位传感器、$FX_{2N}-4AD$ 模块与 PLC 技术控制化工混合反应釜单元。

（2）熟悉化工混合反应釜的结构，理解各模块控制原理，绘制出化工混合反应釜的电路原理图。

（3）运用 $FX_{2N}-4AD$ 模块进行各种传感器的 A/D 数据转换，用 PLC 进行编程，实现化工混合反应釜的水位和温度控制。

（4）控制要求。

①控制系统设有启动、停止按钮，并有工作指示灯指示，按下启动按钮，系统工作，按下停止按钮，不管系统工作在任何状态，都能停止。

②系统工作时，先启动 A 泵加水，延时 5 秒钟，再启动 B 泵加水，并由流量传感器控制 B 泵抽水的流量，压力传感器控制 A 泵管网水压，当 B 泵管网流量到达 $0.225 m^3/h$（对应的 A/D 转换后的数字量是 50），停止 B 泵抽水，当 A 泵管网压力到达 0.5kPa 时（对应的 A/D 转换后的数字量是 5），停止 A 泵抽水。此时用液位传感器来判断化工混合反应釜的水位，如高于高水位（对应的 A/D 转换后的数字量大于 13），则启动混合放水阀放水，如在中、高水位之间（对应的 A/D 转换后的数字量为 9～13），接通电热丝加热，加热温度至 35℃时（此时温度传感器对应的 A/D 转换后的数字量为 350），停止加热，延时 2 分钟，接通电磁放水阀放水，至低水位时（此时液位传感器对应的 A/D 转换后的数字量为 5），停止放水，化工混合反应釜第一周期完成，延时 1 分钟，再启动 A 泵加水进入下一周

期，如此往复循环。

③加热箱供水由 A、B 泵完成，放水由电磁阀完成，水位控制、流量控制、水温控制由各传感器完成。

（5）各小组发挥团队合作精神，共同设计出各种传感器与 PLC 连接的接线图，PLC 的 I/O 分配表与接线图，并设计出 PLC 的控制程序，下载到 PLC 中，验证程序功能，调整、优化程序。

四、能力目标

（1）能根据控制要求的描述，理解各种传感器的原理、作用和综合应用。

（2）能根据控制要求的描述，绘制出各种传感器、$FX_{2N}-4AD$ 扩展功能模块、PLC 连接图。

（3）能根据控制要求的描述，绘制出化工混合反应釜中各模块连接的接线图。

（4）能根据控制要求的描述，合理分配 PLC 的 I/O 点，绘制出 PLC 的 I/O 接线图。

（5）能根据控制要求的描述，正确理解控制功能，合理编写出满足控制要求的控制程序。

（6）能将程序下载到 PLC 中，并根据控制要求，调试、优化程序。

五、任务准备

1. 化工混合反应釜中各模块的仿真结构

图 1-70 是传感器工作岛化工混合反应釜中各模块在放水时和工作时状态的仿真结构示意图。从图中可以看出，化工混合反应釜是由 A、B 泵，储液槽，各种传感器（温度、压力、流量、水位等），化工混合反应釜箱，电热丝，各种液体管道，放水阀，支承架等组成的。

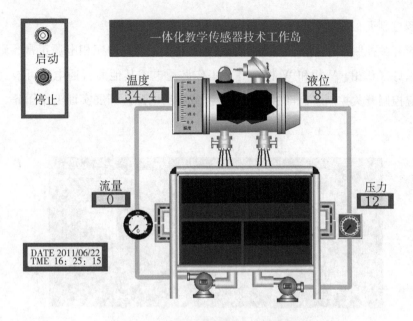

（a）化工混合反应釜放水时的状态

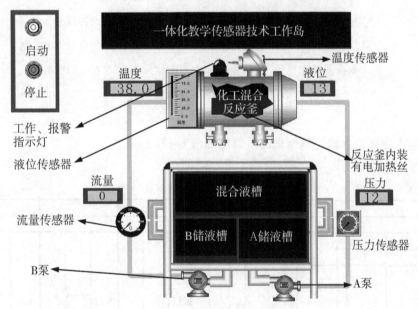

（b）化工混合反应釜工作时的状态

图 1 - 70　化工混合反应釜中各模块的仿真结构示意图

2. 传感器工作岛的结构和原理

（1）总电源控制面板和控制电路面板。

传感器工作岛总电源控制面板由总电源开关、三相电源指示灯、气路控制区和单相交流电源输出控制区四部分构成。

总电源控制面板如图 1 – 71 所示。

总电源开关控制整个工作岛电源。当总电源开关闭合，如三相电源正常，则三相电源对应的指示灯（U 相、V 相和 W 相）亮，工作岛通电，其他面板通电，可根据需要用面板上的相应控制开关控制各自面板的器件电源或输出电源，开展实训工作任务。

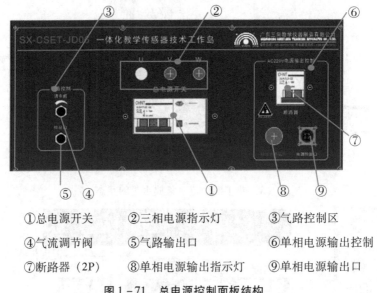

①总电源开关　　②三相电源指示灯　　③气路控制区

④气流调节阀　　⑤气路输出口　　⑥单相电源输出控制

⑦断路器（2P）　　⑧单相电源输出指示灯　　⑨单相电源输出口

图 1 – 71　总电源控制面板结构

传感器工作岛总电源控制面板的电路图如图 1 – 72 所示。

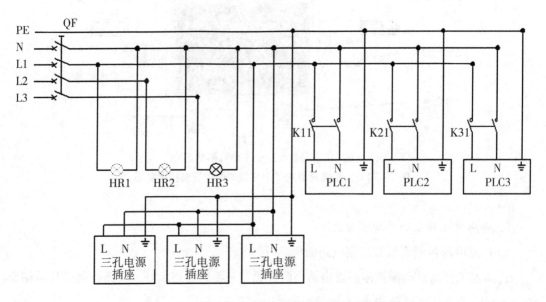

图 1 – 72　传感器工作岛总电源控制面板的电路图

从图 1-72 可以看出 K11、K21、K31 继电器控制面板各 PLC 的 220V 供电。除了 380V/220V 供电外，在实训时还需要用 24V 直流电源、12V 直流电源、5V 直流电源的控制电源，它们的控制电路原理如图 1-73、图 1-74 所示。

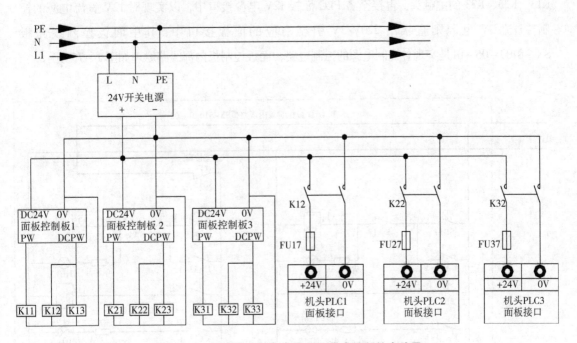

图 1-73　传感器工作岛直流 24V 供电控制的电路图

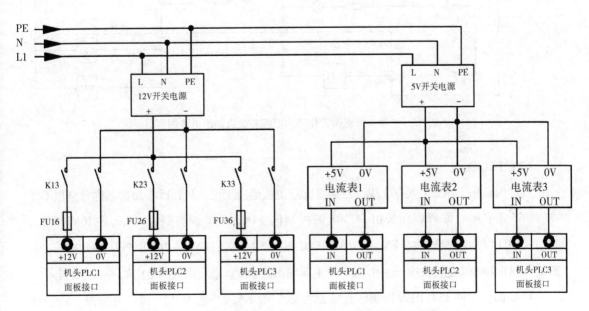

图 1-74　传感器工作岛直流 12V、5V 供电控制的电路图

　　由图中可以看出，直流 24V 控制电源由 220V/24V 开关电源引至 3 个面板控制线路板 SX-8100-06-01 和继电器 K12、K22、K32 的主触头，再接至各 PLC 面板 24V 电源接口中，以实现对控制电路直流 24V 的控制。直流 12V 控制电源是由 220V/12V 开关电源直接引至继电器 K13、K23、K33 的主触头，再接至各 PLC 面板 12V 电源接口中，以实现对 12V 直流电源的控制。直流 5V 电源则直接由 220V/5V 引至对应的面板接口中。其中面板控制线路板 SX-8100-06-01 是实现各控制电源的控制电路，面板控制板内部线路原理如图 1-75 所示。

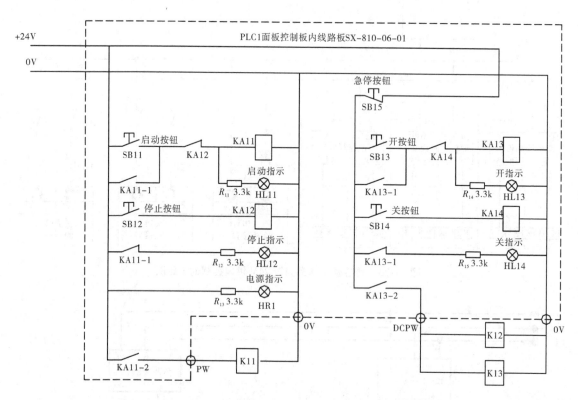

图 1-75　传感器工作岛面板控制板内部的电路图

　　(2) PLC 面板。

　　PLC 面板在工作岛上共有 3 块，分别对应三边弧形边工位，3 个 PLC 面板名称分别以 G1、G2 和 G3 来表示。每 PLC 面板由 PLC 电源控制区、DC24V 电源控制区、FX_{2N}-16MR PLC、FX_{2N}-4AD 特殊功能模块、FX_{2N}-16MR PLC 输入端子区、FX_{2N}-16MR PLC 输出端子区、FX_{2N}-4AD 特殊功能模块端子区和 DC24V 电源输出区组成。PLC 面板的结构如图 1-76 所示。

　　PLC 面板上的 PLC 电源控制区有"总电源"指示灯、"电源开"和"电源关"薄膜开关。当工作岛通电后（总电源开关合起），"总电源"指示灯亮。当 PLC 电源指示灯灭，同时"电源关"薄膜开关红色指示灯亮，如要让 PLC 通电工作，则按"电源开"薄膜开关，"电源开"薄膜开关绿色指示灯亮，"电源关"薄膜开关红色指示灯灭，PLC 通电工作。如要断开 PLC 电源，按"电源关"薄膜开关，"电源关"薄膜开关红色指示灯亮，"电源开"薄膜开关绿色指示灯灭，PLC 断电。

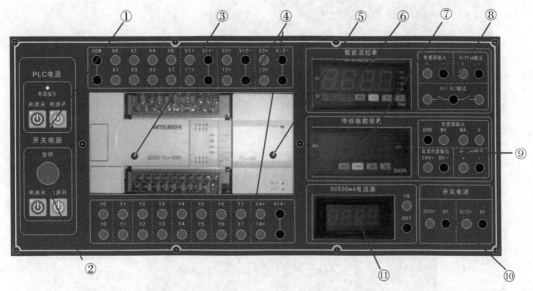

①PLC 电源控制区　②DC24V 电源控制区　③FX$_{2N}$–16MR PLC　④FX$_{2N}$–4AD 输入/输出端子
⑤FX$_{2N}$–4AD 特殊功能模块　⑥智能温控表　⑦传感器数显表　⑧智能温控表端子区
⑨传感器数显表端子区　⑩DC24V 和 DC12V 电源输出区　⑪DC500mA 电流表

图 1–76　PLC 控制面板结构

PLC 面板上的"DC24V 电源控制区"有"急停"开关，"电源开"和"电源关"薄膜开关。当工作岛通电后（总电源开关合起），"DC24V 电源控制区"的"急停"开关复位，此时"电源关"薄膜开关红色指示灯亮，如要让"DC24V 和 DC12V 电源输出区"的端子通电，则按"电源开"薄膜开关，"电源开"薄膜开关绿色指示灯亮，"电源关"薄膜开关红色指示灯灭，"DC24V 和 DC12V 电源输出区"的端子通电。如要断开"DC24V 和 DC12V 电源输出区"的端子电源，按"电源关"薄膜开关，"电源关"薄膜开关红色指示灯亮，"电源开"薄膜开关绿色指示灯灭，"DC24V 和 DC12V 电源输出区"的端子电源断开。如在使用 DC24V、DC12V 电源出现意外情况（如短路等），可快速按下"急停"开关，关闭电源。

（3）任务接线盒与化工混合反应釜模块的连接原理。

化工混合反应釜模块中的各种传感器、放液电磁阀、电热丝、A 泵、B 泵是通过 25 针标准船形插、25 针标准通信线与综合任务接线盒连接的。其结构外形如图 1–77 所示。

（a）混合反应釜中25针标准船形插外形图

（b）25针标准通信线

（c）综合任务接线盒结构外形图

图1-77　25针标准船形插、25针标准通信线与综合任务接线盒结构外形图

它们之间的连接原理如图1-78至图1-80所示。

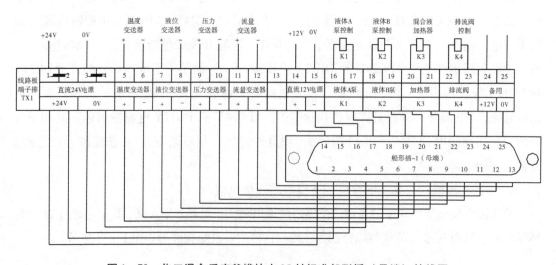

图1-78　化工混合反应釜模块中25针标准船形插（母端）接线图

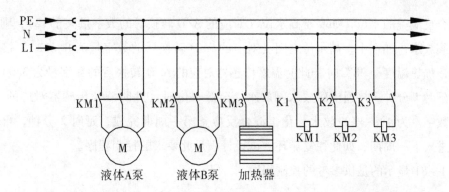

图 1-79 化工混合反应釜模块中液体 A 泵、液体 B 泵、加热器电路接线图

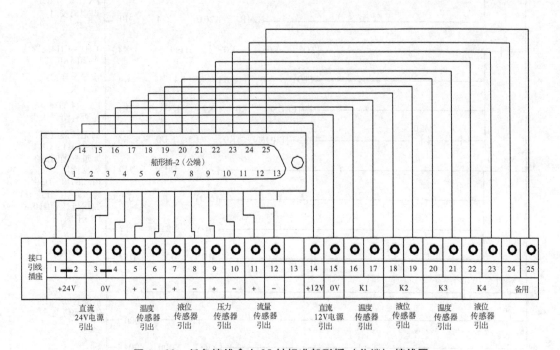

图 1-80 任务接线盒上 25 针标准船形插（公端）接线图

3. 各传感器在化工混合反应釜中的综合应用程序设计举例

应用例子：应用各传感器来控制化工混合反应釜中的温度和液位。

控制系统设有启动、停止按钮，并有工作指示灯指示，按下启动按钮，系统工作；按下停止按钮，系统工作在任何状态，都能停止。

系统工作时，先启动 A 泵加水，延时 10 秒钟，再启动 B 泵加水，延时 3 秒后由流量传感器控制 B 泵抽水的流量，压力传感器控制 A 泵管网水压，当 B 泵管网流量到达 0.230m³/h（对应的 A/D 转换后的数字量是 60），停止 B 泵抽水，当 A 泵管网压力到达 0.4kPa 时（对应的 A/D 转换后的数字量是 4），停止 A 泵抽水。此时用液位传感器来判断化工混合反应釜的水位，如高于高水位（对应的 A/D 转换后的数字量大于 12），则启动混合放液阀放水，如在中、高水位之间（对应的 A/D 转换后的数字量为 8～12），接通电热丝加热，加热温度至 38℃时（此时温度传感器对应的 A/D 转换后的数字量为 380），停止加热，延时 1 分钟，接通电磁放水阀放水，至低水位时（此时液位传感器对应的 A/D 转换后的数字量为 4），停止放水，化工混合反应釜第一周期完成，延时 2 分钟，再启动 A 泵加水进入下一周期，如此往复循环。试设计满足此要求的控制程序。

图 1－81 显示的是供参考的控制程序。

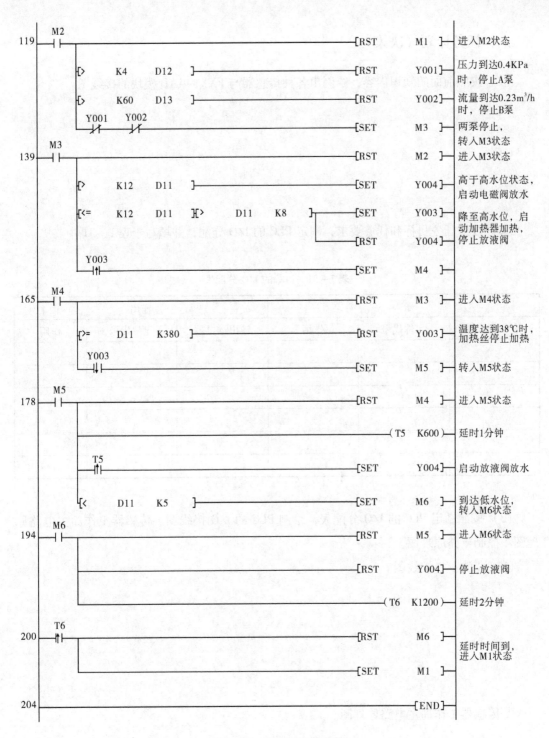

图 1 - 81　控制程序梯形图

六、任务计划（决策）

（1）按照前面的知识内容，绘制出各种传感器与 FX_{2N} – 4AD 模块的接线图。

（2）按照任务目标和任务要求，制定 PLC 的 I/O 分配，并填写于表 1 – 31 中。

表 1 – 31　PLC 的 I/O 分配表

输入			输出		
输入继电器	元件代号	作用	输出继电器	元件代号	作用

（3）按照制定 PLC 的 I/O 分配表，绘制 PLC 的 I/O 接线图、传感器工作岛主电路原理图和控制电路原理图。

①PLC 的 I/O 接线图。

②传感器工作岛主电路原理图。

③传感器工作岛控制电路原理图。

（4）按照任务要求，描述本组的编程思路。

（5）每组派代表上台展示本组所绘出的流量传感器与 $FX_{2N}-4AD$ 模块、PLC 的 I/O 接线图。

（6）各组派代表上台讲述本组的编程思路和实施步骤。

（7）其他组的同学给你们提供的意见或建议，请记录在下面。

七、任务实施

（1）根据制订的任务方案领取实施任务所需要的工具及材料。

为了完成工作任务，每个工作小组需要向仓库工作人员借用工具及领取材料。

表1-32　借用工具清单

序号	名称	数量	规格	单位	借出时间	借用人签名	归还时间	归还人签名	管理员签名	备注

表1-33　领用材料清单

序号	名称	规格型号	单位	申领数量	实发数量	归还时间	归还人签名	管理员签名	备注

（2）按照绘制的各传感器与 $FX_{2N}-4AD$ 模块的接线图及 PLC 的 I/O 接线图，连接工作岛的通信线，连接 PLC 面板上的输入/输出端子、扩展模块端子与接口模块的接线。

（3）设计出满足控制要求的控制程序（梯形图）。

①PLC 的 I/O 分配表和接线图。

②控制系统任务要求。

③把设计的传感器工作岛控制程序填写在下面。

（4）将本组的程序与其他组的程序进行对比，发现异同，在组内和组间进行充分的讨论，得出最佳程序，并下载到 PLC 中进行调试运行。

八、任务评价

（1）各小组派代表展示程序梯形图（利用投影仪），并解释含义。

（2）各小组派代表展示功能调试效果，接受全体同学的检阅，测试控制要求的实现情况，记录如下。

按下启动按钮，会出现的现象为：

各种传感器在控制程序中的作用为：

温度传感器在控制程序中的作用为：

系统循环的过程为:

任何情况下按下停止按钮,出现的情况是:

其他小组提出的建议:

(3)学生自我评价与总结。

(4)小组评价与总结。

（5）教师评价（根据各小组学生完成任务的表现，给予综合评价，同时给出该工作任务的正确答案供学生参考）。

（6）清洁保养及"6S"处理。

所有测试完毕后，检测工作台设备各种功能是否正常，关闭技能岛总电源，进行拆线，清点工具及实习材料，维护保养仪器设备，确保其在最佳状态下工作，并对工作岗位进行"6S"处理，归还所借的工具、量具和实习工件。

（7）评价表。

表 1-34 "各种传感器在化工混合反应釜中的应用"任务评价表

班级：_____ 小组：_____ 姓名：_____		指导教师：_____ 日期：_____					
评价项目	评价标准	评价依据	评价方式			权重	得分小计
			学生自评（20%）	小组互评（30%）	教师评价（50%）		
职业素养	1. 遵守企业规章制度、劳动纪律 2. 按时按质完成工作任务 3. 积极主动承担工作任务，勤学好问 4. 人身安全与设备安全 5. 工作岗位"6S"完成情况	1. 出勤 2. 工作态度 3. 劳动纪律 4. 团队协作精神				0.3	

（续上表）

评价项目	评价标准	评价依据	评价方式			权重	得分小计
			学生自评（20%）	小组互评（30%）	教师评价（50%）		
专业能力	1. 理解各种传感器的工作原理和应用范围 2. 熟悉各种传感器的结构类型和特点 3. 熟悉技能岛上主电路和控制电路的原理，熟悉各模块之间的接线原理 4. 能设计出各传感器与PLC连接的接线图，编写各传感器综合应用程序，并能调试和优化程序 5. 具有较强的信息分析处理能力	1. 操作的准确性和规范性 2. 工作页或项目技术总结完成情况 3. 专业技能任务完成情况				0.5	
创新能力	1. 在任务完成过程中能提出有一定见解的方案 2. 在教学或生产管理上提出建议，应具有创新性	1. 方案的可行性及意义 2. 建议的可行性				0.2	
合计							

触摸屏应用

任务 ① 认识三菱 GOT – F940 触摸屏

一、任务名称

认识三菱 GOT – F940 触摸屏。

二、任务描述

触摸屏（GOT）全称触摸式图形操作终端，又称人机界面，是一种人机交互装置。本任务通过完成触摸屏与计算机连接、触摸屏与 PLC 的连接等操作，掌握触摸屏的使用方法。

三、任务要求

（1）正确连接触摸屏与计算机，实现联机通信。

（2）正确连接触摸屏与 PLC，实现联机通信。

（3）各小组发挥团队合作精神，共同设计出工作方案、实施方案。

四、能力目标

（1）能说出触摸屏的基本原理。

（2）能说出触摸屏的分类。

（3）会连接触摸屏与电脑。

（4）会连接触摸屏与 PLC。

五、任务准备

（一）触摸屏介绍

触摸屏即触摸式图形操作终端（Graph Operation Terminal），简称 GOT。它是能在监视画面上实现以往操作盘所进行的开关操作、指示灯显示、数控显示、信息显示等图视化的人机界面设备。触摸屏外观如图 2-1 所示。

图 2-1　触摸屏外观

触摸屏由触摸检测部件和触摸屏控制器组成。触摸检测部件安装在显示器屏幕前面，用于检测用户触摸位置，接收到位置信号后将其送到触摸屏控制器。触摸屏控制器的主要作用是从触摸点检测装置上接收触摸信息，并将它转换成触点坐标，再送给 CPU，同时它能接收 CPU 发来的命令并加以执行。操作时，用手指或其他物体触摸安装在显示器前端的触摸屏，然后系统根据手指触摸的图标或菜单位置来定位选择信息输入。

按照触摸屏的工作原理和传输信息的介质，把触摸屏分为电阻式、表面声波式、红外线式、电容式以及近场成像（NFI）式五种触摸屏。

1. 触摸屏类型与原理

（1）电阻式触摸屏。

这种触摸屏利用压力感应进行控制。电阻式触摸屏的主要部分是一块电阻薄膜屏，它以玻璃或硬塑料平板作为基层，表面涂有一层透明氧化金属（透明的导电电阻）导电层，上面再盖有一层外表面硬化处理、光滑防擦的塑料层。内表面也涂有一层涂层，在两者之间有许多细小（小于 1/1 000 英寸）的透明隔离点把两层导电层隔开绝缘。当手指触摸屏幕时，两层导电层在触摸点位置就有了接触，电阻发生变化，在 X 和 Y 两个方向上产生信号，然后输送至触摸屏控制器。控制器探测到这一接触并计算出 X、Y 的位置，再根据模拟鼠标的方式运作。这是电阻式触摸屏的基本原理。

①四线电阻屏。

四线电阻模拟量技术触摸屏的两层透明金属层工作时，每层均增加5V恒定电压：一个竖直方向，一个水平方向。总共需四根电缆。它的特点是高解析度，高速传输反应；表面硬度处理，减少擦伤、刮伤及防化学处理；具有光面及雾面处理；一次校正，稳定性高，永不漂移。

②五线电阻屏。

五线电阻技术触摸屏的基层把两个方向的电压场通过精密电阻网络都加在玻璃的导电工作面上，外层镍金导电层只用来当作纯导体，有触摸后分时检测内层ITO接触点X轴和Y轴电压值的方法测得触摸点的位置。五线电阻触摸屏内层ITO需四条引出线，外层只作导体仅仅一条，触摸屏的引出线共有五条。它的特点是解析度高，高速传输反应；表面硬度高，减少擦伤、刮伤及防化学处理；同点接触3 000万次尚可使用；导电玻璃为基材的介质；一次校正，稳定性高，永不漂移。

（2）电容式触摸屏。

电容式触摸屏是利用人体的电流感应进行工作的。电容式触摸屏是一块四层复合玻璃屏，玻璃屏的内表面和夹层各涂有一层ITO，最外层是一薄层矽土玻璃保护层，夹层ITO涂层作为工作面，四个角上引出四个电极，内层ITO为屏蔽层以保证良好的工作环境。当手指触摸在金属层上时，由于人体电场作用，在用户和触摸屏表面形成一个耦合电容。对于高频电流来说，电容是直接导体，于是手指从接触点吸走一个很小的电流。这个电流分别从触摸屏四角上的电极中流出，并且流经这四个电极的电流与手指到四角的距离成正比，控制器通过对这四个电流比例的精确计算，得出触摸点的位置。

电容式触摸屏的透光率和清晰度优于四线电阻屏。但电容式触摸屏反光严重，而且电容技术的四层复合触摸屏对各波长光的透光率不均匀，存在色彩失真的问题，由于光线在各层间的反射，还造成图像字符的模糊。电容式触摸屏在原理上把人体当作电容器元件的一个电极，当有导体靠近与夹层ITO工作面之间耦合出足够容值的电容时，流走的电流就足够引起电容式触摸屏的误动作。因此，当较大面积的手掌或手持的导体物靠近电容式触摸屏而不是触摸时，就能引起电容式触摸屏的误动作，在潮湿的天气，这种情况尤为严重，手扶住显示器、手掌靠近显示器7厘米以内或身体靠近显示器15厘米以内就能引起电容式触摸屏的误动作。电容式触摸屏的另一个缺点是用戴手套的手或手持不导电的物体触摸时没有反应，这是因为增加了更为绝缘的介质。电容式触摸屏更主要的缺点是漂移：当环境温度、湿度改变时，环境电场发生改变时，都会引起电容式触摸屏的漂移，造成不准确。电容式触摸屏最外面的矽土保护玻璃防刮擦性很好，但是怕指甲或硬物的敲击，敲出一个小洞就会伤及夹层ITO，那电容式触摸屏就不能正常工作了。

（3）红外线式触摸屏。

红外线式触摸屏是利用 X、Y 轴方向上密布的红外线矩阵来检测并定位用户的触摸。红外线式触摸屏在显示器的前面安装一个电路板外框，电路板在屏幕四边排布红外发射管和红外接收管，一一对应形成横竖交叉的红外线矩阵。用户在触摸屏幕时，手指就会挡住经过该位置的横竖两条红外线，因而可以判断出触摸点在屏幕的位置。任何触摸物体都可改变触点上的红外线而实现触摸屏操作。

（4）表面声波式触摸屏。

①表面声波。

表面声波是超声波的一种，能在介质（如玻璃或金属等刚性材料）表面浅层传播的机械能量波。表面声波性能稳定、易于分析，并且在横波传递过程中具有非常尖锐的频率特性，近年来在无损探伤、造影和退波器方向上应用发展很快。

②表面声波式触摸屏的工作原理。

表面声波式触摸屏的触摸屏部分可以是一块平面、球面或柱面的玻璃平板，安装在 CRT、LED、LCD 或等离子显示器屏幕的前面。玻璃屏的左上角和右下角各固定了竖直和水平方向的超声波发射换能器，右上角则固定了两个相应的超声波接收换能器。玻璃屏的四个周边则刻有 45°角由疏到密间隔非常精密的反射条纹。

超声波发射换能器把控制器通过触摸屏电缆送来的电信号转化为声波能量向左方表面传递，然后由玻璃板下边的一组精密反射条纹把声波能量反射成向上的均匀面传递，声波能量经过屏体表面，再由上边的反射条纹聚成向右的线传播给 X 轴的接收换能器，接收换能器将返回的表面声波能量变为电信号。当超声波发射换能器发射一个窄脉冲后，声波能量历经不同途径到达接收换能器，走最右边的最早到达，走最左边的最晚到达，早到达的和晚到达的这些声波能量叠加成一个较宽的波形信号。不难看出，接收信号集合了所有在 X 轴方向历经长短不同路径回归的声波能量，它们在 Y 轴走过的路程是相同的，但在 X 轴上，最远的比最近的多走了两倍 X 轴最大距离。因此，这个波形信号的时间轴反映各原始波形叠加前的位置，也就是 X 轴坐标。发射信号与接收信号波形在没有触摸的时候，接收信号的波形与参照波形完全一样。当手指或其他能够吸收或阻挡声波能量的物体触摸屏幕时，X 轴途经手指部位向上走的声波能量被部分吸收，反应在接收波形上即某一时刻位置上波形有一个衰减缺口。接收波形对应手指挡住部位信号衰减了一个缺口，计算缺口位置即触摸坐标控制器分析到接收信号的衰减并由缺口的位置判定 X 坐标。之后 Y 轴同样的过程判定出触摸点的 Y 坐标。除了一般触摸屏都能响应的 X、Y 坐标外，表面声波式触摸屏还响应第三轴 Z 轴坐标，也就是能感知用户触摸压力大小值。其原理是由接收信号衰减处的衰减量计算得到。三轴一旦确定，控制器就把它们传给主机。

③表面声波式触摸屏的特点。

清晰度较高，透光率好；高度耐久，抗刮伤性良好（相对于电阻、电容等有表面镀膜）；反应灵敏；不受温度、湿度等环境因素影响，分辨率高，寿命长（维护良好情况下可触摸 5 000 万次）；透光率高（92%），能保持清晰透亮的图像质量。没有漂移，只需安装时一次校正；有第三轴（即压力轴）响应，目前在公共场所使用较多。

2. 三菱触摸屏

三菱公司推出的触摸屏主要有三大系列：GOT1000 系列、GOT – F900 系列、GOT – A900 系列。其中 GOT – F900 系列由于功能比较齐全、价格低廉、性能稳定，得到广泛应用。本任务使用 GOT – F900 系列中常用的 GOT – F940 型触摸屏。

（二）触摸屏的安装

触摸屏是安装在操作面板上或控制面板的表面，并连接到 PLC，通过画面监视各种设备并改变 PLC 数据。其安装方式如图 2 – 2 所示。

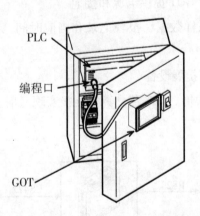

图 2 – 2　GOT 与 PLC 的安装连接图

（三）触摸屏和外围设备连接

三菱 GOT – F900 系列触摸屏机箱接口如图 2 – 3 所示，安装有 RS232 及 RS422 接口各一个，以及电源接线端子、扩展接口和电池。

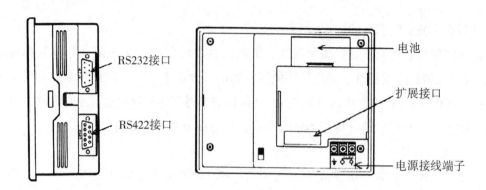

图 2 - 3　三菱 GOT - F900 系列触摸屏机箱接口

各部分的作用如下：

（1）RS232 接口：当计算机 RS232 连接器为 9 针时，使用 FX - 232 - CAB - 1 型数据传输电缆与计算机进行通信及程序下载。

（2）RS422 接口：使用 FX - 50DU - CAB0 型数据传输电缆与 PLC 进行通信。

（3）电源接线端子：为 GOT 提供电源和接地。

（4）电池：用于存储采样数据、报警记录和当前时间，画面数据存储于内置的内存中，内存不需要电池。

（5）扩展接口：连接可扩展设备。

如图 2 - 4 所示，把触摸屏、PLC 与计算机连接实现通信。

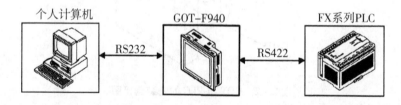

图 2 - 4　三菱 GOT - F940 触摸屏、PLC 与计算机通信连接

六、任务计划（决策）

经小组讨论后，制订完成任务的工作计划如下：

（1）查找 GOT 的相关资料。

（2）画出触摸屏、PLC 与计算机连接的接线图。

（3）按图正确连接 GOT 与 PLC、计算机，构造联机控制系统。

（4）运行控制系统。

七、任务实施

（1）根据制订的任务方案领取实施任务所需要的工具及材料。

为了完成工作任务，每个工作小组需要向仓库工作人员借用工具及领取材料。

表 2-1　借用工具清单

序号	名称	数量	规格	单位	借出时间	借用人签名	归还时间	归还人签名	管理员签名	备注

表 2-2　领用材料清单

序号	名称	规格型号	单位	申领数量	实发数量	归还时间	归还人签名	管理员签名	备注

（2）连接控制系统，运行控制系统。

八、任务评价

（1）各小组派代表展示连接的触摸屏、PLC 与计算机的联机控制系统（利用投影仪），并解释工作过程。

（2）各小组派代表展示系统功能及效果，接受同学们检阅，记录如下。

其他小组提出的建议：

（3）学生自我评价与总结。

（4）小组评价与总结。

（5）教师评价（根据各小组学生完成任务的表现，给予综合评价，同时给出该工作任务的正确答案供学生参考）。

（6）清洁保养及"6S"处理。

所有测试完毕后，检测工作台设备各种功能是否正常，关闭技能岛总电源，进行拆线，清点工具及实习材料，维护保养仪器设备，确保其在最佳状态下工作，并对工作岗位进行"6S"处理，归还所借的工具、量具和实习工件。

（7）评价表。

表 2 – 3 "认识三菱 GOT – F940 触摸屏"任务评价表

班级：_____ 小组：_____ 姓名：_____		指导教师：_____ 日期：_____					
评价项目	评价标准	评价依据	评价方式			权重	得分小计
			学生自评（20%）	小组互评（30%）	教师评价（50%）		
职业素养	1. 遵守企业规章制度、劳动纪律 2. 按时按质完成工作任务 3. 积极主动承担工作任务，勤学好问 4. 人身安全与设备安全 5. 工作岗位"6S"完成情况	1. 出勤 2. 工作态度 3. 劳动纪律 4. 团队协作精神				0.3	
专业能力	1. 熟悉 GOT 的原理与结构 2. 会连接 GOT、PLC 与计算机控制系统 3. 具有较强的信息分析处理能力	1. 操作的准确性和规范性 2. 工作页或项目技术总结完成情况 3. 专业技能任务完成情况				0.5	
创新能力	1. 在任务完成过程中能提出有一定见解的方案 2. 在教学或生产管理上提出建议，应具有创新性	1. 方案的可行性及意义 2. 建议的可行性				0.2	
合计							

任务 ② 应用 GOT 对电动机进行基本控制

一、任务名称

应用 GOT 对电动机进行基本控制。

二、任务描述

用触摸屏设计两个基本画面，画面 1 实现对 1 号电动机正反转控制，并对运行时间进行控制；画面 2 实现对 2 号电动机正反转控制，并对运行时间进行控制。触摸屏控制画面如图 2 - 5 所示。

(a) 画面 1   (b) 画面 2

图 2 - 5 触摸屏控制画面

三、任务要求

（1）利用三菱 GOT 实现电动机正反转控制。

（2）采用 GT Designer 2 软件进行画面设计、传送，并下载至 GOT。

（3）画面 1 和画面 2 可以互相切换。

（4）各小组发挥团队合作精神，共同设计出各画面所需基本元件数，排列组合，下载到 GOT，验证画面合理性，优化画面。

四、能力目标

(1) 学会使用 GT Designer 2 软件。

(2) 学会设计触摸屏画面，并能进行画面切换、传送及下载到 GOT 等操作。

(3) 会用触摸屏控制电动机正反转。

(4) 培养创新改造、独立分析和综合决策的能力。

(5) 培养团队协作、与人沟通和正确评价的能力。

五、任务准备

(一) GT Designer 2 软件的安装、运行

GT Designer 2 属于触摸屏画面设计软件，其安装过程包括环境程序和运行程序两个步骤。

1. 安装环境程序

打开 GT Designer 2，进入图 2-6 画面，双击"EnvMEL"图标，安装环境程序。

图 2-6　"环境程序"画面

安装环境程序步骤如图2-7至图2-10所示。

 _INST32I
EX_ 文件
284 KB

 _ISDEL
InstallShield De...
InstallShield So...

 _setup.dll
5.10.146.0
Setup Launcher R...

 _sys1
WinRAR 压缩文件
196 KB

 _user1
WinRAR 压缩文件
45 KB

 data1
WinRAR 压缩文件
6,060 KB

 DATA.TAG
TAG 文件
1 KB

 lang
DAT 文件
5 KB

 layout
BIN 文件
1 KB

 os
DAT 文件
1 KB

 setup
Internet 通讯设置
58 KB

 SETUP
Setup Launcher
InstallShield So...

 SETUP
配置设置
1 KB

 setup.lid
LID 文件
1 KB

图2-7 双击"SETUP"

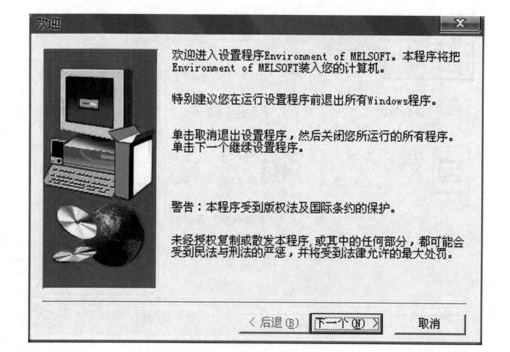

图2-8 单击"下一个"

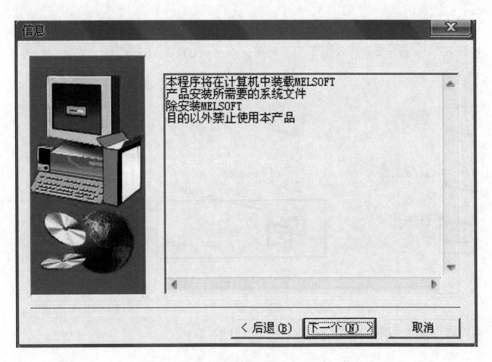

图 2-9　单击"下一个"

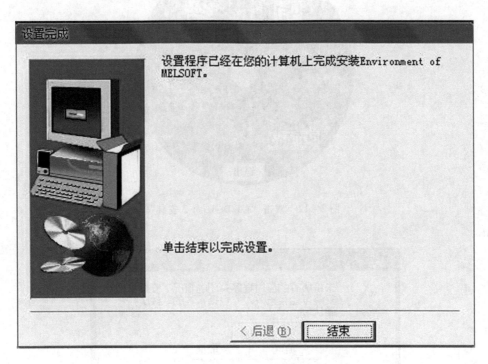

图 2-10　单击"结束"

至此，环境程序安装结束。

2. 安装运行程序

打开 GT Designer 2，进入图 2-11 画面，双击"GTD2-C"图标，安装运行程序。

图 2-11 "运行程序"画面

安装运行程序步骤如图 2-12 至图 2-18 所示。

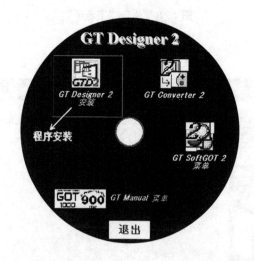

图 2-12 双击"GT Designer 2 安装"

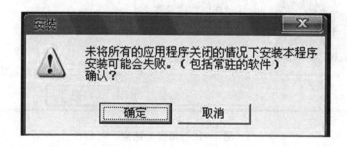

图 2-13 单击"确定"

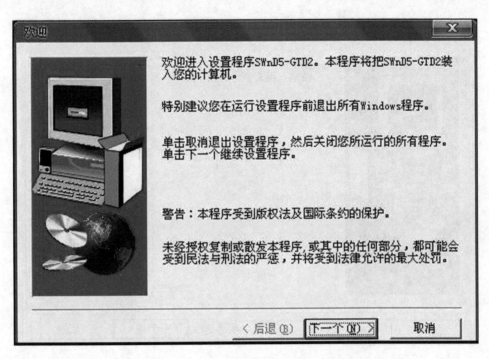

图 2 – 14　单击"下一个"

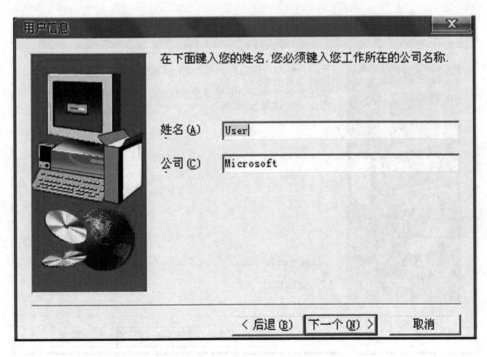

图 2 – 15　单击"下一个"

图 2 - 16　输入产品序列号，单击"下一个"

图 2 - 17　指定安装目录，若不需要更改则单击"下一个"

图 2 – 18　单击"确定"

至此，运行程序安装结束。

3. 运行 GT Designer 2 软件

运行 GT Designer 2 软件有两种办法：

（1）使用菜单程序启动模式。

点击"开始"→"GT Designer 2"，如图 2 – 19 所示。

图 2 – 19　使用菜单程序启动模式

（2）使用桌面快捷方式。

（二）创制工程画面

1. 创制工程数据画面

（1）工程及单个基本画面的创制。

打开 GT Designer 2 软件，在"工程选择"画面点击"新建"按钮，如图 2 - 20 所示。

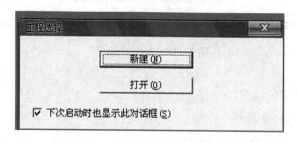

图 2 - 20 单击"新建"

工程创制步骤如图 2 - 21 至图 2 - 30 所示。

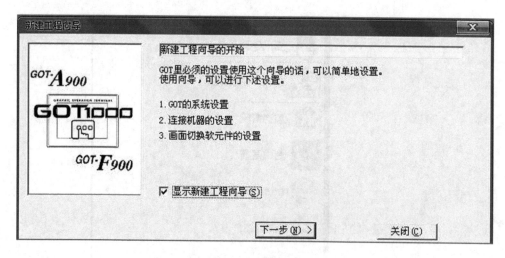

图 2 - 21 单击"下一步"

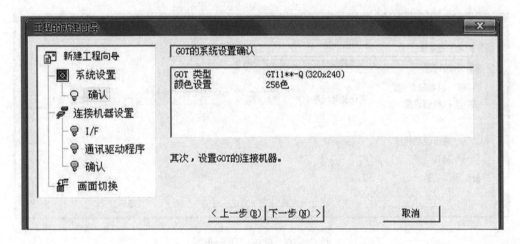

图 2-22　选定 GOT 类型为 GT11-Q 系列，单击"下一步"

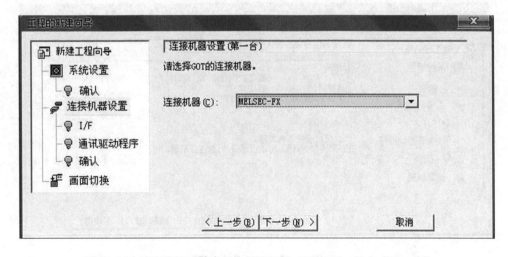

图 2-23　单击"下一步"

图 2-24　选定连接机器类型为 MELSEC-FX 系列，单击"下一步"

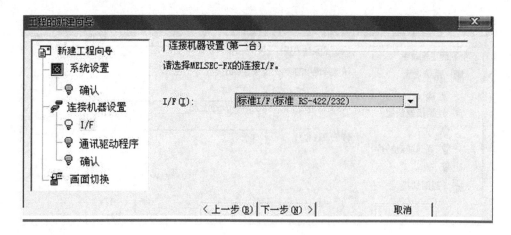

图 2 - 25 单击"下一步"

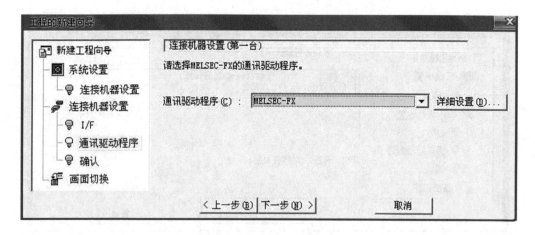

图 2 - 26 单击"下一步"

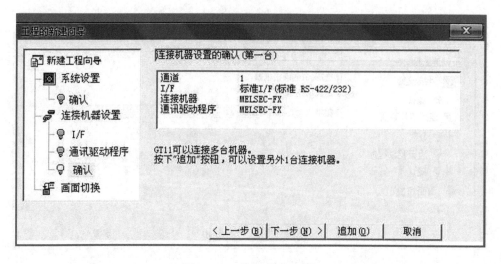

图 2 - 27 单击"下一步"

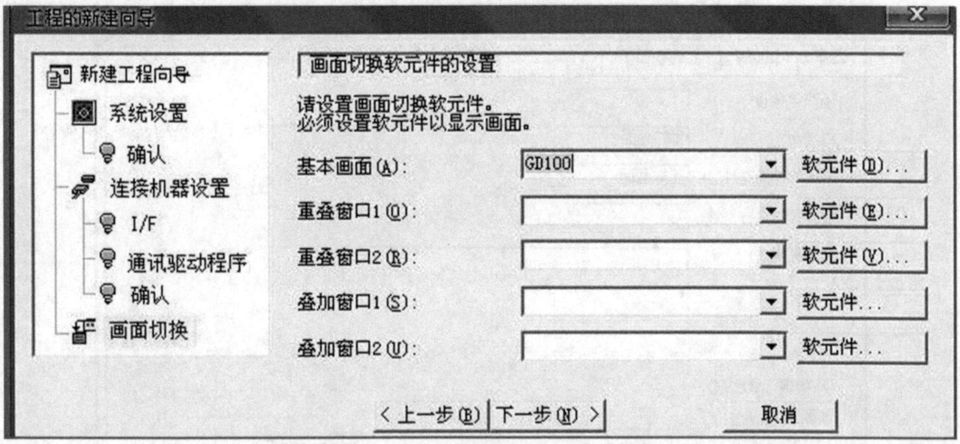

图 2－28　一般基本画面默认软元件为 GD100，单击“下一步”

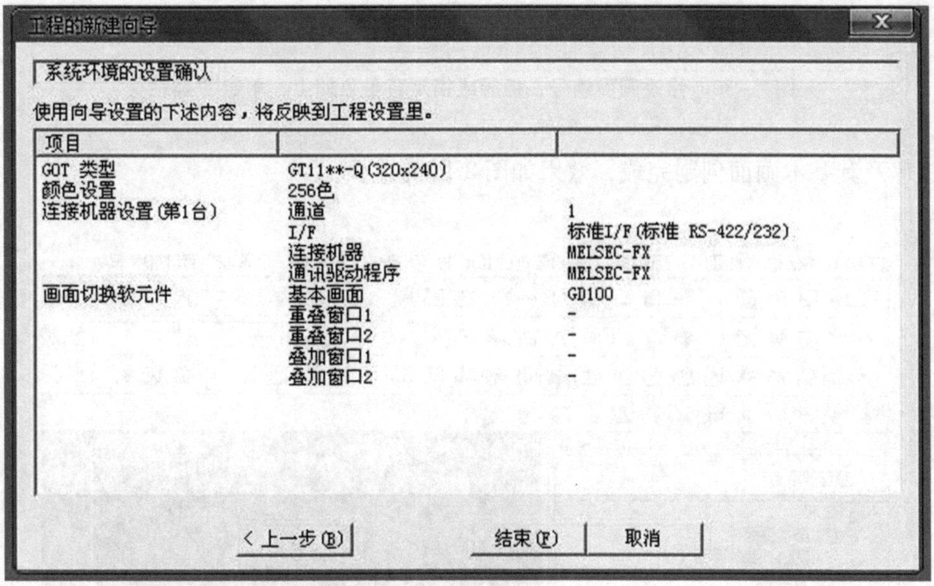

图 2－29　单击“结束”

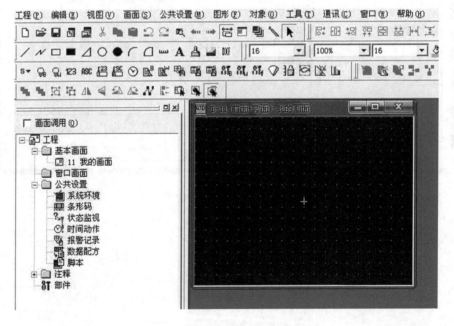

图 2-30　修改画面编号、标题或指定背景色如上，单击"确定"

工程及其基本画面创制完成，效果如图 2-31 所示。

图 2-31　基本画面效果图

（2）多个画面创制。

在前面已经创制了一个画面，下面开始创制第二个画面，方法如下：

①点击工具栏"画面"→"新建"→"基本画面"。

②具体操作如图 2-32 所示。

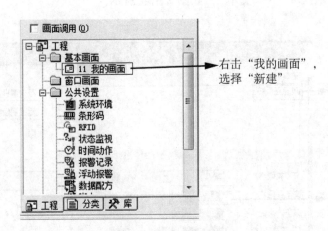

右击"我的画面"，选择"新建"

图 2-32 创制第二个画面

2. 把工程下载至 GOT

点击工具栏"通讯"→"跟 GOT 的通讯"，选择"工程下载→GOT"，界面如图 2-33所示。

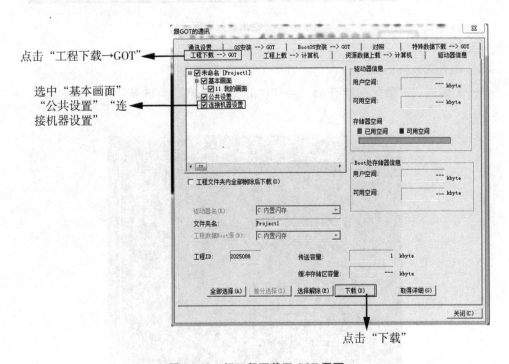

点击"工程下载→GOT"

选中"基本画面""公共设置""连接机器设置"

点击"下载"

图 2-33 把工程下载至 GOT 画面

3. 画面元件的添加

（1）文本的输入。

点击工具栏"图形"→"文本"，如图2-34所示。

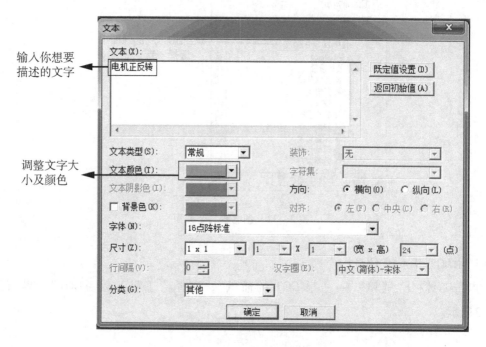

图2-34　文本输入画面

（2）位开关元件的输入。

点击工具栏"对象"→"开关"→"位开关"，如图2-35所示。

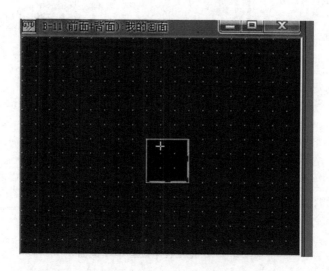

图2-35　"位开关"画面

双击"位开关"，修改位开关的基本属性和文本属性如图 2 – 36、图 2 – 37 所示。

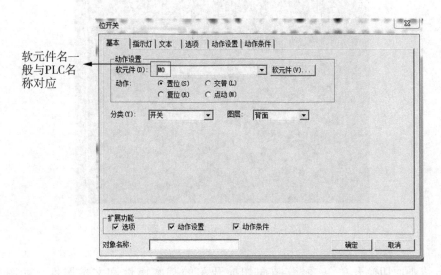

图 2 – 36　位开关的基本属性

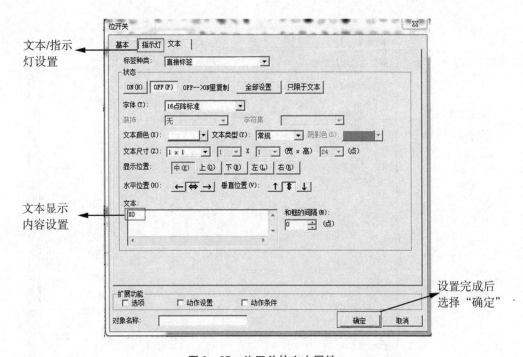

图 2 – 37　位开关的文本属性

4. 画面切换开关的设置

点击工具栏"对象"→"开关"→"画面切换开关"，如图 2 – 38 所示。

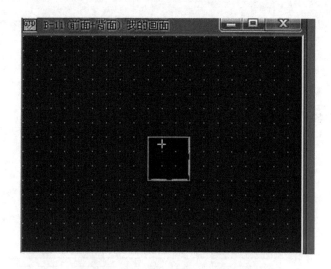

图 2 - 38   "画面切换开关"画面

双击"画面切换开关",修改画面切换开关的基本属性和文本属性,如图 2 - 39、图 2 - 40 所示。

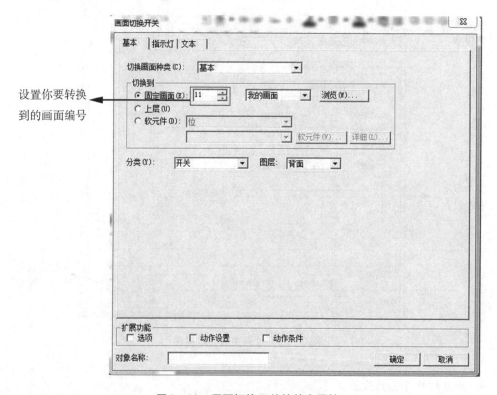

图 2 - 39   画面切换开关的基本属性

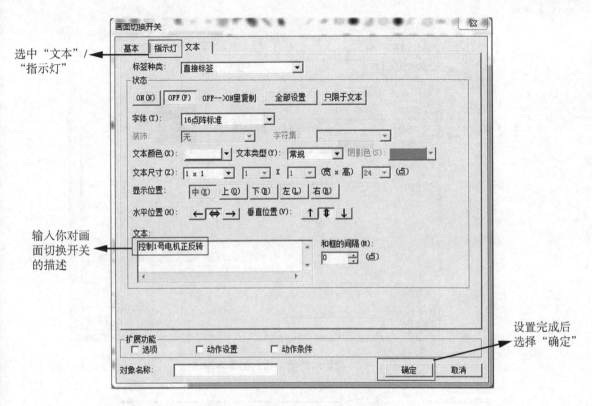

选中"文本"/
"指示灯"

输入你对画
面切换开关
的描述

设置完成后
选择"确定"

图 2-40　画面切换开关的文本属性

5. 指示灯的设置

点击工具栏"对象"→"指示灯"→"指示灯显示（位）"，如图 2-41 所示。

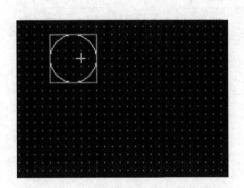

图 2-41　"指示灯显示（位）"画面

双击"指示灯显示（位）"，修改指示灯显示（位）的基本属性和文本属性，如图
2-42、图 2-43 所示。

输入软
元件名

设置指示灯
外形颜色

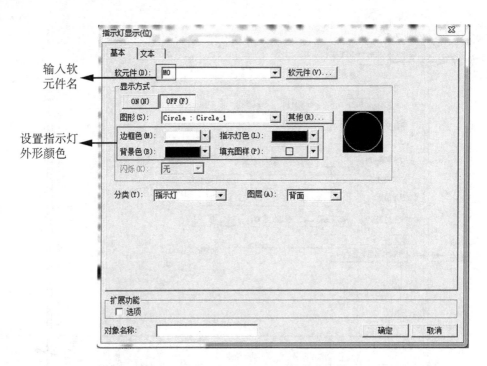

图 2 - 42　指示灯显示（位）的基本属性

选中
"文本"

字体基
本设置

设置你要
描述的指
示灯文字
描述

设置完毕，
选择"确定"

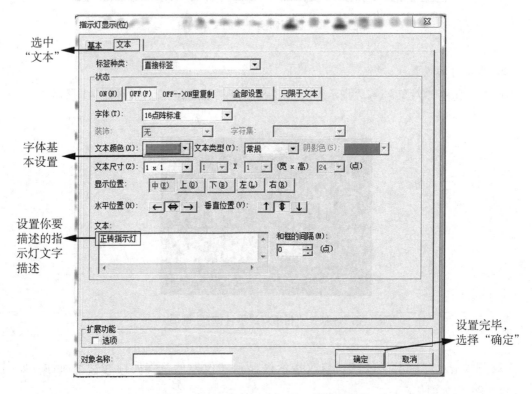

图 2 - 43　指示灯显示（位）的文字属性

6. 数值输入

点击工具栏"对象"→"数值输入",如图 2 – 44 所示。

图 2 – 44 "数值输入"画面

双击"数值输入",修改数值输入的基本属性,如图 2 – 45 所示。

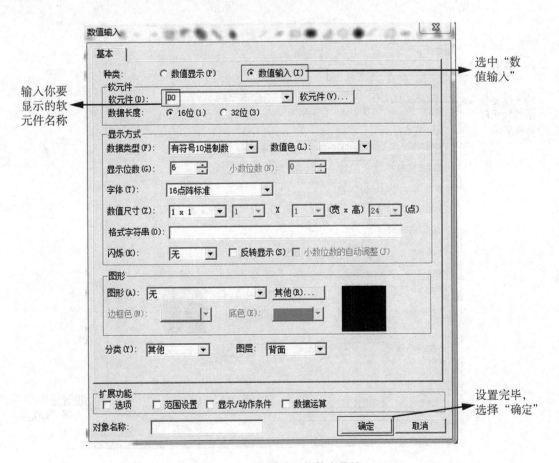

图 2 – 45 数值输入的基本属性

7. 数值显示

点击工具栏"对象"→"数值显示",如图 2 – 46 所示。

图 2 – 46 "数值显示"画面

双击"数值显示",修改数值显示的基本属性,如图 2 – 47 所示。

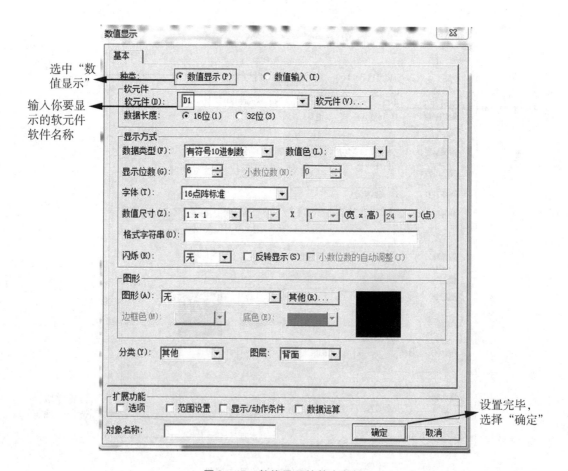

图 2 – 47 数值显示的基本属性

六、任务计划（决策）

经小组讨论后，制订画面功能要求及元件分配方案，如表 2 - 4 所示。

（1）需要设计两个基本画面，基本画面名称分别为控制 X 号电机正反转，要求背景色为蓝色。

（2）在控制 1 号电机正反转基本画面中，要求分别要有启动和停止共____个开关，正转和反转____个指示灯，画面转换开关____个，正转和反转运行时间显示____个。

（3）在控制 2 号电机正反转基本画面中，要求分别要有启动和停止共____个开关，正转和反转____个指示灯，画面转换开关____个，正转和反转运行时间显示____个。

表 2 - 4 控制画面元件分配表

控制 1 号电机正反转基本画面			控制 2 号电机正反转基本画面		
元件类型	元件代号	作用	元件类型	元件代号	作用
位开关			位开关		
画面切换开关			画面切换开关		
指示灯			指示灯		
数据显示			数据显示		

七、任务实施

（1）根据制订的任务方案领取实施任务所需要的工具及材料。

为了完成工作任务，每个工作小组需要向仓库工作人员借用工具及领取材料。

表 2-5　借用工具清单

序号	名称	数量	规格	单位	借出时间	借用人签名	归还时间	归还人签名	管理员签名	备注

表 2-6　领用材料清单

序号	名称	规格型号	单位	申领数量	实发数量	归还时间	归还人签名	管理员签名	备注

（2）使用 GT Designer 2 软件进行画面设计。

参考依据：

①元件数分配表。

②基本画面功能要求。

八、任务评价

（1）各小组派代表展示基本画面（利用投影仪），并解释设计步骤。

（2）各小组派代表展示画面效果，接受全体同学的检阅，记录如下。

画面切换功能：

数据显示功能：

指示灯功能：

位开关控制功能：

画面标题及背景设置合理功能：

其他小组提出的建议：

（3）学生自我评价与总结。

（4）小组评价与总结。

（5）教师评价（根据各小组学生完成任务的表现，给予综合评价，同时给出该工作任务的正确答案供学生参考）。

（6）清洁保养及"6S"处理。

所有测试完毕后，检测工作台设备各种功能是否正常，关闭技能岛总电源，进行拆线，清点工具及实习材料，维护保养仪器设备，确保其在最佳状态下工作，并对工作岗位进行"6S"处理，归还所借的工具、量具和实习工件。

（7）评价表。

表 2-7 "应用 GOT 对电动机进行基本控制"任务评价表

班级：＿＿＿＿＿ 小组：＿＿＿＿＿ 姓名：＿＿＿＿＿			指导教师：＿＿＿＿＿ 日期：＿＿＿＿＿＿＿				
评价项目	评价标准	评价依据	评价方式			权重	得分小计
			学生自评（20%）	小组互评（30%）	教师评价（50%）		
职业素养	1. 遵守企业规章制度、劳动纪律 2. 按时按质完成工作任务 3. 积极主动承担工作任务，勤学好问 4. 人身安全与设备安全 5. 工作岗位"6S"完成情况	1. 出勤 2. 工作态度 3. 劳动纪律 4. 团队协作精神				0.3	
专业能力	1. 熟练制作元件分配表 2. 熟练运用 GT Designer 2 编程软件进行画面设计 3. 会独立进行画面的设计与下载调试 4. 具有较强的信息分析处理能力	1. 操作的准确性和规范性 2. 工作页或项目技术总结完成情况 3. 专业技能任务完成情况				0.5	
创新能力	1. 在任务完成过程中能提出有一定见解的方案 2. 在教学或生产管理上提出建议，应具有创新性	1. 方案的可行性及意义 2. 建议的可行性				0.2	
合计							

变频器应用

一、任务名称

认识变频器。

二、任务描述

三菱变频器的原理及结构比较复杂，有很多功能参数需要通过操作面板进行设置。学生通过完成"认识变频器"任务，了解变频器的原理及结构，掌握变频器操作面板的使用方法。

三、任务要求

（1）认识变频器，了解变频器基本结构及原理。

（2）正确拆装变频器。

（3）完成变频器与三相电源、变频器与三相异步电动机之间的导线连接。

（4）以小组为单位，在小组内通过分析、对比、讨论制订出最优的实施步骤方案，由小组长进行任务分工，完成工作任务。

四、能力目标

（1）掌握变频器基本结构及原理。

（2）学会变频器操作面板的使用。

（3）学会拆装变频器及主电路接线。

（4）培养创新改造、独立分析和综合决策的能力。

（5）培养团队协作、与人沟通和正确评价的能力。

五、任务准备

变频器主要用于交流电动机（异步电机或同步电机）调节转速，是公认的最理想、最有前途的交流电动机调速方案，除了具有卓越的调速性能之外，变频器还有显著的节能作用。图 3-1 是三菱 E700 变频器。

图 3-1　三菱 E700 变频器

1. 变频器的结构

变频器由主电路和控制电路组成，其基本结构如图 3-2 所示。主电路包括整流器、中间直流环节和逆变器。控制电路由运算电路、检测电路、控制信号的输入/输出电路和驱动电路组成。

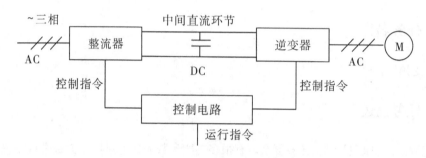

图 3-2　变频器的基本结构

（1）变频器主电路。

①整流电路。

整流电路的主要作用是把三相（或单相）交流电转变成直流电，为逆变电路提供所需的直流电源，如图 3-3 中的 $VD_1 \sim VD_6$。

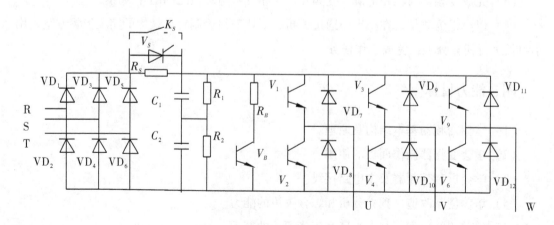

图 3-3　交—直—交变频器主电路

②滤波及限流电路。

滤波电路通常由若干个电解电容并联成一组，如图 3 - 3 中 C_1 和 C_2。为了解决电容 C_1 和 C_2 的均压问题，在两电容旁各并联一个阻值相等的均压电阻 R_1 和 R_2。

串接在整流桥和滤波电容之间的限流电阻 R_S 和短路开关（虚线所画的开关）组成了限流电路。当变频器接入电源瞬间，将有一个很大的冲击电流经整流桥流向滤波电容，整流桥可能因电流过大受到损坏，限流电阻 R_S 可以削弱该冲击电流，起到保护整流桥的作用。在许多新的变频器中 R_S 已由晶闸管替代。

③直流中间电路。

由整流电路可以将电网的交流电源整流成直流电压或直流电流，但这种电压或电流含有电压或电流纹波，会影响直流电压或电流的质量。为了减小这种电压或电流的波动，需要加电容器或电感器作为直流中间环节。

④逆变电路。

逆变电路是变频器最主要的部分之一，它的功能是在控制电路的控制下，将直流中间电路输出的直流电压转换为电压、频率均可调的交流电压，实现对异步电动机的变频调速控制。

变频器中应用最多的是三相桥式逆变电路，如图 3 - 3 所示，它是由电力晶体管（GTR）组成的三相桥式逆变电路，该电路关键是对开关器件电力晶体管进行控制。目前，常用的开关器件有门极可关断晶闸管（GTO）、电力晶体管（GTR 或 BJT）、功率场效应晶体管（P - MOSFET）以及绝缘栅双极型晶体管（IGBT）等，在使用时要查阅相关的使用手册。

⑤能耗制动回路。

在变频调速中，电动机的降速和停机是通过减小变频器的输出功率从而降低电动机的同步转速的方法来实现的。当电动机减速时，在频率刚减小的瞬间，电动机的同步转速随之降低，由于机械惯性，电动机转子转速未变，使同步转速低于电动机的实际转速，电动机处于发电制动运行状态，负载机械和电动机所具有的机械能量被回馈给电动机，并在电动机中产生制动力矩，使电动机的转速迅速下降。

电动机再生的电能经过图 3 - 3 中的续流二极管 $VD_7 \sim VD_{12}$ 全波整流后反馈到直流电路，由于直流电路的电能无法回馈给电网，在 C_1 和 C_2 上将产生短时间的电荷堆积，形成"泵生电压"，使直流电压升高。当直流电压过高时，可能损坏换流器件。变频器的检测单元到直流回路电压 U_S 超过规定值时，控制功率管 V_B 导通，接通能耗制动电路，使直流回路通过电阻 R_B 释放电能。

（2）变频器控制电路。

为变频器的主电路提供通断控制信号的电路称为控制电路。其主要任务是完成对逆变器开关器件的开关控制和提供多种保护功能，控制方式有模拟控制和数字控制两种。目前已广泛采用了以微处理器为核心的全数字控制技术，主要靠软件完成各种控制功能，以充分发挥微处理器计算能力强和软件控制灵活性高的特点，完成许多模拟控制方式难以实现的功能。控制电路主要由以下部分组成：

①运算电路。

运算电路的主要作用是将外部的速度、转矩等指令信号同检测电路的电流、电压信号进行比较运算，决定变频器的输出频率和电压。

②信号检测电路。

信号检测电路的作用是将变频器和电动机的工作状态反馈至微处理器，并由微处理器按事先确定的算法进行处理后为各部分电路提供所需的控制或保护信号。

③驱动电路。

驱动电路的作用是为变频器中逆变电路的换流器件提供驱动信号。当逆变电路的换流器件为晶体管时，驱动电路被称为基极驱动电路；当逆变电路的换流器件为可控硅（SCR）、IGBT 或 GTO 时，驱动电路被称为门极驱动电路。

④保护电路。

保护电路的主要作用是对检测电路得到的各种信号进行运算处理，以判断变频器的本身或系统是否出现异常。当检测到异常时，保护电路进行各种必要的处理，如使变频器停止工作或抑制电压、电流值等。三菱变频器的内部布置如图 3-4 所示。

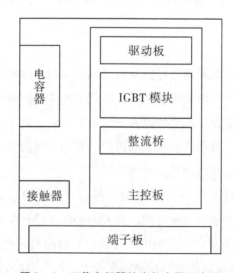

图 3-4　三菱变频器的内部布置示意图

2. 变频器的外观及铭牌

（1）三菱 E700 变频器的外观如图 3 – 5 所示。

USB接口盖

操作面板

PU接口盖
及铭牌

前盖板

图 3 – 5　三菱 E700 变频器的外观

（2）三菱 E700 变频器铭牌的含义如图 3 – 6 所示。

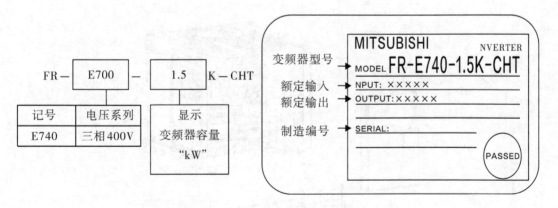

图 3 – 6　三菱 E700 变频器铭牌的含义

（3）三菱 E700 变频器的操作面板如图 3-7 所示。

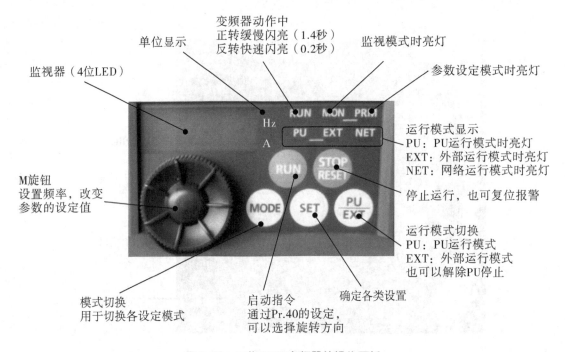

图 3-7　三菱 E700 变频器的操作面板

3. 变频器前盖板和配线盖板的拆装

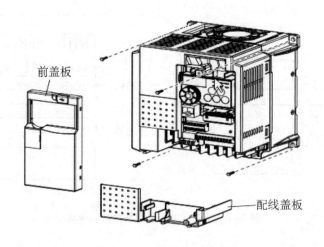

图 3-8　变频器拆装示意图

（1）前盖板的拆卸。

将前盖板沿箭头所示方向向前拉，将其卸下，如图 3-9 所示。

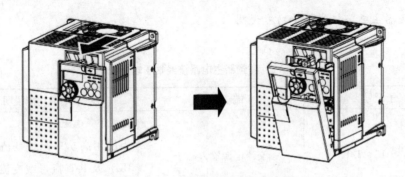

图 3-9   变频器前盖板拆卸示意图

（2）前盖板的安装。

安装时将前盖板对准主机正面笔直装入，如图 3-10 所示。

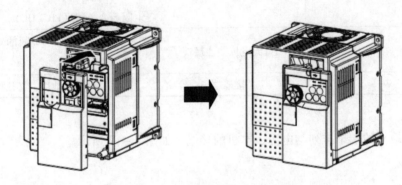

图 3-10   变频器前盖板安装示意图

（3）配线盖板的拆装。

将配线盖板向前拉即可简单卸下。安装时请对准安装导槽将盖板装在主机上，如图 3-11 所示。

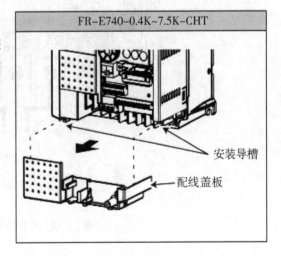

FR-E740-0.4K~7.5K-CHT

安装导槽

配线盖板

图 3-11   配线盖板的拆装示意图

4. 变频器主电路接线端子功能说明

表 3 - 1　变频器主电路接线端子功能说明

端子记号	端子名称	端子功能说明
R/L1、S/L2、T/L3	交流电源输入端子	连接工频电源 当使用高功率因数变流器（FR - HC）及共直流母线变流器（FR - CV）时不要连接任何东西
U、V、W	变频器输出端子	连接三相鼠笼电机
P/ +、PR	制动电阻器连接端子	在端子 P/ +、PR 间连接选购的制动电阻器（FR/ABR）
P/ +、N/ -	制动单元连接端子	连接制动单元（FR - BU2）、共直流母线变流器（FR - CV）以及高功率因数变流器（FR - HC）
P/ +、P1	直流电抗器连接端子	拆下端子 P/ +、P1 间的短路片，连接直流电抗器
⏚	接地端子	变频器机架接地用，必须接大地

主电路端子的端子排列与电源、电机的接线，如图 3 - 12 所示。

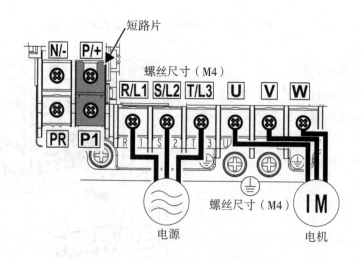

图 3 - 12　主电路端子与接线示意图

注意：电源线必须连接至 R/L1、S/L2、T/L3，绝对不能接 U、V、W，否则会损坏变频器（没有必要考虑相序）。

六、任务计划（决策）

经小组讨论后，制订出以下任务实施方案：

（1）变频器的拆装。

将拆装步骤填入表格。

表 3-2 变频器的拆装步骤

拆装步骤	内容描述	备注

（2）主电路接线。

根据主电路接线图，完成下面模拟图的连线。

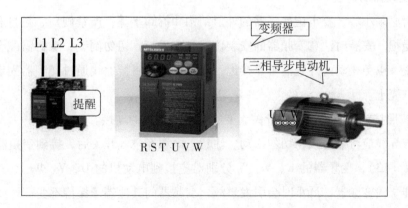

图 3-13 模拟图连线

计划内容若超出以上表格或画图区范围，可自行续表或扩大画图区。

七、任务实施

（1）根据制订出的任务方案领取实施任务所需要的工具及材料。

为了完成工作任务，每个工作小组需要向仓库工作人员借用工具及领取材料。

表3-3　借用工具清单

序号	名称	数量	规格	单位	借出时间	借用人签名	归还时间	归还人签名	管理员签名	备注

表3-4　领用材料清单

序号	名称	规格型号	单位	申领数量	实发数量	归还时间	归还人签名	管理员签名	备注

（2）变频器的拆装。

拆卸时必须小心，要牢记变频器的外形结构和拆卸步骤，严禁硬掰、敲打和碰撞，以防止零件受损。安装时注意变频器的安装位置是否妥当，切勿倒装，螺钉需配合螺母和垫片，并拧紧，以免松动。外壳需可靠接地，可在安装时将接地线通过变频器固定螺钉拧接在变频器外壳上。

（3）按照接线图，完成电源开关、变频器与电动机的连接。

端子与导线应可靠连接，切勿松动。注意：电源经空气开关后，接到变频器 R（L1）、S（L2）、T（L3），变频器的 U、V、W 分别对应接到电动机的 U、V、W 上，切勿接反，否则将可能烧毁变频器，严重时会引发事故。变频器的其他端子保持不变。

八、任务评价

（1）各小组派代表展示接线图和任务计划（利用投影仪），并分享任务实施经验。

（2）各小组派代表展示各个操作，接受全体同学的检阅，记录如下。

其他小组提出的建议：

（3）学生自我评价与总结。

（4）小组评价与总结。

（5）教师评价（根据各小组学生完成任务的表现，给予综合评价，同时给出该工作任务的正确答案供学生参考）。

（6）清洁保养及"6S"处理。

所有测试完毕后，检测工作台设备各种功能是否正常，关闭技能岛总电源，进行拆线，清点工具及实习材料，维护保养仪器设备，确保其在最佳状态下工作，并对工作岗位进行"6S"处理，归还所借的工具、量具和实习工件。

（7）评价表。

表 3 – 5 "认识变频器"任务评价表

班级：_____ 小组：_____ 姓名：_____		指导教师：_____ 日期：_____					
评价项目	评价标准	评价依据	评价方式			权重	得分小计
			学生自评（20%）	小组互评（30%）	教师评价（50%）		
职业素养	1. 遵守企业规章制度、劳动纪律 2. 按时按质完成工作任务 3. 积极主动承担工作任务，勤学好问 4. 人身安全与设备安全 5. 工作岗位"6S"完成情况	1. 出勤 2. 工作态度 3. 劳动纪律 4. 团队协作精神				0.3	
专业能力	1. 认识变频器，了解变频器的基本结构及原理 2. 正确拆装变频器 3. 完成变频器与三相电源、变频器与三相异步电动机之间的导线连接	1. 操作的准确性和规范性 2. 工作页或项目技术总结完成情况 3. 专业技能任务完成情况				0.5	
创新能力	1. 在任务完成过程中能提出有一定见解的方案 2. 在教学或生产管理上提出建议，应具有创新性	1. 方案的可行性及意义 2. 建议的可行性				0.2	
合计							

任务 ❷ 应用变频器的基本运行功能控制传送带

一、任务名称

应用变频器的基本运行功能控制传送带。

二、任务描述

变频器的基本运行功能包括启动、停止、正转与反转、正向点动与反向点动、运行频率调节等。学生通过完成本任务，使用控制面板输入和外部端子输入两种方法把基本功能运转指令输入变频器，实现变频器基本运行功能。

三、任务要求

（1）利用变频器的操作面板完成模式切换、运行变频设定、数据清除等操作。

（2）分别用变频器的 PU、外部、PU 点动、组合操作模式控制输送带电动机运行。

（3）以小组为单位，在小组内通过分析、对比、讨论制订出最优的实施步骤方案，由小组长进行任务分工，完成搬运机械手的运行调试。

四、能力目标

（1）学会变频器的面板操作。

（2）学会变频器 PU、外部、PU 点动、组合操作模式的应用。

（3）根据控制任务完成调试操作。

（4）培养创新改造、独立分析和综合决策的能力。

（5）培养团队协作、与人沟通和正确评价的能力。

五、任务准备

1. 键盘面板基本操作

键盘面板基本操作包括监视器、频率设定、参数设定和报警历史等，如图 3 - 14 所示。

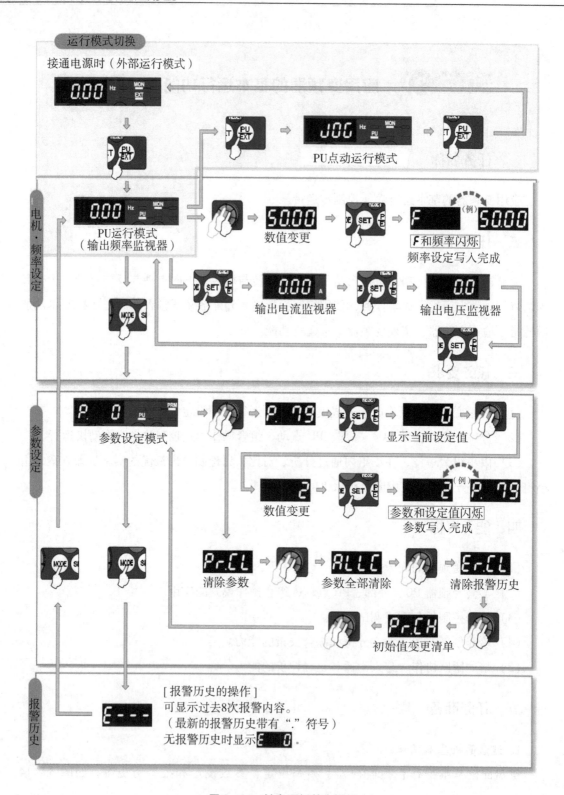

图 3-14　键盘面板基本操作

2. 控制电路输入端子的功能

控制电路输入端子的功能如表 3 - 6 所示。

表 3 - 6　控制电路输入端子的功能

分类	端子标记	端子名称	端子功能说明		额定规格
接点输入	STF	正转启动	STF 信号处于 ON 时为正转，OFF 时为停止指令	STF、STR 信号同时处于 ON 时变成停止指令	输入电阻 4.7kΩ 开路时电压 DC21 ~ 26V 短路时 DC4 ~ 6mA
	STR	反转启动	STR 信号处于 ON 时为反转，OFF 时为停止指令		
	MRS	输出停止	MRS 信号处于 ON（20ms 或以上）时，变频器输出停止 用电磁制动器停止电机时用于断开变频器的输出		
	RES	复位	用于解除保护电路动作时的报警输出。请使 RES 信号处于 ON 状态 0.1s 或以上，然后断开 初始设定为始终可进行复位。但进行了 Pr.75 的设定后，仅在变频器报警发生时可进行复位。复位所需时间约为 1s		
	SD	接点输入公共端（漏型）（初始设定）	接点输入端子（漏型逻辑）的公共端子		
		外部晶体管公共端（源型）	源型逻辑时当连接晶体管输出（即集电极开路输出），例如可编程控制器（PLC）时，将晶体管输出用的外部电源公共端接到该端子时，可以防止因漏电引起的错误动作		
		DC24V 电源公共端	DC24V、0.1A 电源（端子 PC）的公共输出端子，与端子 5 及端子 SE 绝缘		
	PC	外部晶体管公共端（漏型）（初始设定）	漏型逻辑时当连接晶体管输出（即集电极开路输出），例如可编程控制器（PLC）时，将晶体管输出用的外部电源公共端接到该端子时，可以防止因漏电引起的错误动作		电源电压范围 DC 22 ~ 26V，容许负载电流 100mA
		接点输入公共端（源型）	接点输入端子（源型逻辑）的公共端子		
		DC24V 电源	可作为 DC24V、0.1A 的电源使用		

（续上表）

分类	端子标记	端子名称	端子功能说明	额定规格
频率设定	10	频率设定用电源	作为外接频率设定（速度设定）用电位器时的电源使用（参照 Pr.73 模拟量输入选择）	DC5.2 ± 0.2V 容许负载电流 10mA
	2	频率设定（电压）	如果输入 DC0~5V（或 0~10V），在 5V（10V）时为最大输出频率，输入、输出成正比。通过 Pr.73 进行 DC0~5V（初始设定）和 DC0~10V 输入的切换操作	输入电阻 10 ± 1kΩ 最大容许电压 DC20V
	4	频率设定（电流）	如果输入 DC4~20mA（或 0~5V，0~10V），在 20mA 时为最大输出频率，输入、输出成正比。只有 AU 信号处于 ON 时端子 4 的输入信号才会有效（端子 2 的输入将无效）。通过 Pr.267 进行 4~20mA（初始设定）和 DC0~5V、DC0~10V 输入的切换操作。电压输入（0~5V/0~10V）时，请将电压/电流输入切换开关切换至"V"	电流输入的情况下：输入电阻 233 ± 5Ω 最大容许电流 30mA 电压输入的情况下：输入电阻 10 ± 1kΩ 最大容许电压 DC20V
	5	频率设定公共端	频率设定信号（端子 2 或 4）及端子 AM 的公共端子，请勿接大地	

3. 运行模式参数 Pr.79 的设置

一般来讲，参数 Pr.79 可以实现以下三种功能：

（1）外部/PU 切换模式，如表 3-7 所示。

（2）组合运行模式。

表 3-8 所示为参数 Pr.79 =3、4 时的功能。

表 3 - 7　外部/PU 切换模式

参数编号	名称	初始值	设定范围	内容	LED 显示 ▬ : 灭灯 ▭ : 亮灯
79	模式选择	0	0	外部/PU 切换模式中，通过 (PU/EXT) 键可以切换 PU 与外部运行模式，电源投入时为外部运行模式	外部运行模式: ▬ EXT ▬ PU 运行模式: ▭ PU ▬
			1	PU 运行模式固定	▭ PU ▬
			2	固定为外部运行模式 可以在外部、网络运行模式间切换运行	外部运行模式: ▬ EXT ▬ 网络运行模式: ▬ NET

表 3 - 8　组合运行模式

参数编号	名称	初始值	设定范围	内容		LED 显示 ▬ : 灭灯 ▭ : 亮灯
79	模式选择	0	3	外部/PU 组合运行模式 1		▭ PU ▭ EXT ▬
				频率指令	启动指令	
				用操作面板、PU（FR - PU04 - CH/FR - PU07）设定或外部信号输入［多段速设定，端子 4～5 间（AU 信号处于 ON 时有效）］	外部信号输入（端子 STF、STR）	
			4	外部/PU 组合运行模式 2		
				频率指令	启动指令	
				外部信号输入（端子 2、4、JOG、多段速选择等）	通过操作面板的键、PU（FR - PU04 - CH/FR - PU07）的 (RUN) 键来输入	

（3）其他模式。

当 Pr. 79 = 6 时，表示可以一边继续运行状态，一边实施 PU 运行、外部运行、网络运行三者之间的切换。

当 Pr. 79 = 7 时，表示外部运行模式（PU 操作互锁），即当 X12 信号为 ON 时，可切换到 PU 运行模式（正在外部运行时输出停止）；X12 信号为 OFF 时，禁止切换到 PU 运行模式。

4. 各操作模式下的基本操作步骤

（1）PU 操作模式。

——————操作——————　　　　　——————显示——————

①将变频器设置在 PU 操作模式下。

②按 RUN 键运行变频器。

通过 Pr. 40 的设定，可以选择
旋转方向。

③按 SET 键可以在电流、电压、
频率监视中切换。

④旋转 可设定运行频率值，
如将频率设定为 50Hz。

⑤按 SET 键确认。

F 和频率闪烁
频率设定写入完成

⑥按下 STOP/RESET 键停止。

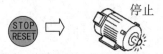

停止

（2）PU 点动操作模式。

——————操作——————   ——————显示——————

①将变频器设置在 PU 点动操作模式下。

②按 (RUN)键。

持续按住

●按下 (RUN)键期间电动机旋转。

●通过参数 Pr. 15 设定点动运行，
频率出厂设定值为 5Hz。

③松开 (RUN)键。

松开

停止

（3）外部操作模式，如图 3 - 15 所示。

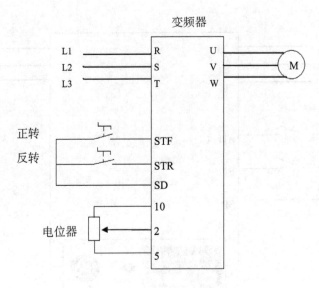

图 3 - 15　外部操作模式接线图

———操作——— ———显示———

①将变频器设置在外部操作模式下。

②在 STF 或 STR 置于 ON 期间电机旋转。

③旋转 可设定运行频率值，如将频率设定为 50Hz。

④将开关 SA1 或 SA2 即 STF 或 STR 置于 OFF，电机停止。

（4）组合运行操作。

组合运行操作是应用参数单元和外部接线共同控制变频器运行的一种方法，一般有两种：一种是参数单元控制电动机的启停，外部接线控制电动机的运行频率；另一种参数单元控制电动机的运行频率，外部接线控制电动机的启停，这是工业控制中常用的方法。

组合操作模式 1：启动指令用端子 STF/STR 置于 ON 来进行，频率给定通过 PU 面板设定，如图 3－16 所示。

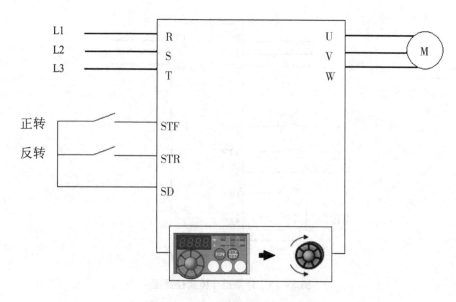

图 3－16　组合操作模式 1 接线图

操作	显示

①将 Pr. 79 设置为 3。

②将启动开关（STF 或 STR）置于 ON。电动机按操作面板的频率设定模式转动。

③旋转 ⬤ 可设定运行频率值，如将频率设定为 50Hz。

④按 SET 键确认。

⑤将启动开关（STF 或 STR）置于 OFF，电机停止。

组合操作模式 2：启动指令通过 PU 面板设定，频率给定由外接电位器设定，如图 3 – 17 所示。

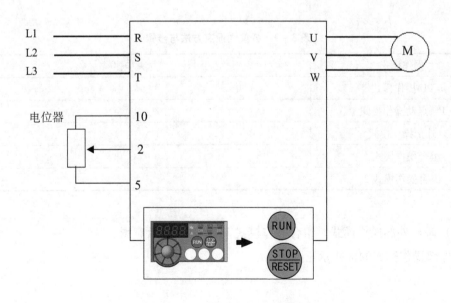

图 3 – 17　组合操作模式 2 接线图

————操作————   ————显示————

①将 Pr. 79 设置为 4。

②启动。

按下 (RUN) 键，电机按外部设定

频率启动运行。

③旋转外接电位器可设定运行

频率值，如将频率设定为 50Hz。

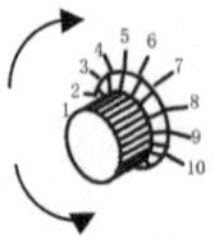

④停止。

停止

按下 (STOP RESET) 键，电机停止。

六、任务计划

经小组讨论后，制订出以下任务实施方案。

（1）写出各模式的设定方法与步骤，并填写表 3 - 9。

表 3 - 9   各模式设定方法与步骤

操作模式	方法步骤
PU 操作模式	
PU 点动操作模式	
外部操作模式	
组合操作模式 1	
组合操作模式 2	

（2）画出外部操作模式，组合操作模式 1、2 的接线示意图。

①外部操作模式的接线示意图。

②组合操作模式 1 的接线示意图。

③组合操作模式 2 的接线示意图。

（3）写出各操作模式下的运行操作方法，并填写表 3 – 10。

表 3 – 10　各操作模式下的运行操作方法

操作模式	正转启动	反转启动	停止	运行频率设定
PU 操作模式				
PU 点动操作模式				
外部操作模式				
组合操作模式 1				
组合操作模式 2				

（4）写出各操作模式的调试运行步骤，填写表 3 – 11。

表 3 – 11　各操作模式的调试运行步骤

调试步骤	描述该步骤现象	教师审核

七、任务实施

（1）根据制订的任务方案领取实施任务所需要的工具及材料。

为了完成工作任务，每个工作小组需要向仓库工作人员借用工具及领取材料。

表3-12　借用工具清单

序号	名称	数量	规格	单位	借出时间	借用人签名	归还时间	归还人签名	管理员签名	备注

表3-13　领用材料清单

序号	名称	规格型号	单位	申领数量	实发数量	归还时间	归还人签名	管理员签名	备注

（2）任务实施前的相关检查。

表3-14　任务实施前的检查项目

检查项目	标准状态	当前状态	处理方法	教师审核
工作岛总电源	断开			
变频器主电路接线	良好			
各部件安装	牢固			
所需工具材料	齐全			

（3）根据任务控制要求进行调试。

经教师审阅同意后，接通工作岛电源，并进行调试操作，操作时严格遵守安全操作规则，结合任务要求、任务计划完成调试操作。

八、任务评价

（1）各小组派代表展示接线图和任务计划（利用投影仪），并分享任务实施经验。

（2）各小组派代表展示变频器在各个操作模式下的运行操作，接受全体同学的检阅，记录如下。

其他小组提出的建议：

（3）学生自我评价与总结。

（4）小组评价与总结。

（5）教师评价（根据各小组学生完成任务的表现，给予综合评价，同时给出该工作任务的正确答案供学生参考）。

（6）清洁保养及"6S"处理。

所有测试完毕后，检测工作台设备各种功能是否正常，关闭技能岛总电源，进行拆线，清点工具及实习材料，维护保养仪器设备，确保其在最佳状态下工作，并对工作岗位进行"6S"处理，归还所借的工具、量具和实习工件。

（7）评价表。

表 3 – 15   "应用变频器的基本运行功能控制传送带"任务评价表

班级：_____ 小组：_____ 姓名：_____		指导教师：_____ 日期：_____					
评价 项目	评价标准	评价依据	评价方式			权重	得分 小计
			学生 自评 （20%）	小组 互评 （30%）	教师 评价 （50%）		
职业 素养	1. 遵守企业规章制度、劳动纪律 2. 按时按质完成工作任务 3. 积极主动承担工作任务，勤学好问 4. 人身安全与设备安全 5. 工作岗位"6S"完成情况	1. 出勤 2. 工作态度 3. 劳动纪律 4. 团队协作精神				0.3	
专业 能力	1. 掌握变频器面板的基本操作 2. 掌握变频器 PU、外部、点动操作模式及其之间的切换 3. 理解并掌握组合操作模式 1 控制 4. 理解并掌握组合操作模式 2 控制	1. 操作的准确性和规范性 2. 工作页或项目技术总结完成情况 3. 专业技能任务完成情况				0.5	
创新 能力	1. 在任务完成过程中能提出有一定见解的方案 2. 在教学或生产管理上提出建议，应具有创新性	1. 方案的可行性及意义 2. 建议的可行性				0.2	
合计							

任务 ③ 应用变频器的基本参数控制传送带

一、任务名称

应用变频器的基本参数控制传送带。

二、任务描述

变频器通过许多参数的设定实现对电动机运行性能和运行方式的控制。不同变频器参数是不一样的，不同的参数定义不同的功能。学生通过完成本任务，学习变频器基本参数的意义及设置方法。

三、任务要求

（1）根据变频器基本参数的功能，设置变频器的基本参数，并观察电动机在不同参数设置下的运行情况。

（2）以小组为单位讨论并确定四种不同类型的基本参数为任务实施对象，再通过分析、对比、讨论制订出最优的实施步骤方案，由小组长进行任务分工，完成任务要求。

四、能力目标

（1）掌握变频器的参数设置方法。
（2）理解变频器基本参数的意义。
（3）掌握变频器在不同参数设置下电动机的运行调试。
（4）培养创新改造、独立分析和综合决策的能力。
（5）培养团队协作、与人沟通和正确评价的能力。

五、任务准备

1. 变更参数设定值方法
以变更 Pr. 1 上限频率的设定值为例，操作步骤如下：

————操作————　　　　　　　　　————显示————

① 电源接通时显示的监视器画面。

②按 (PU/EXT) 键，进入 PU 运行模式。

③按 (MODE) 键，进入参数设定模式。

④ 旋转 ⚙，将参数编号设定
为 Pr. 1。

⑤按 (SET) 键，读取当前的设定值。
显示 "120.0Hz"（初始值）。

⑥ 旋转 ⚙，将值设定为
"50.00Hz"。

⑦按 (SET) 键设定。

闪烁，参数设定完成

旋转 ⚙ 可读取其他参数。

按 (SET) 键可再次显示设定值。

按两次 (SET) 键可显示下一个参数。

按两次 (MODE) 键可返回频率监视画面。

2. 参数清除、全部清除方法

设定 Pr. CL 参数清除、ALLC 参数全部清除 = "1"，可使参数恢复为初始值（如果设定 Pr. 77 参数写入选择 = "1" 则无法清除）。

| | 操作 | | 显示 |

①电源接通时显示的监视器画面。

②按 $\binom{PU}{EXT}$ 键，进入 PU 运行模式。

③按 (MODE) 键，进入参数设定模式。

④旋转 🔴，将参数编号设定为：

参数清除：$Pr.CL$

或全部清除：$ALLC$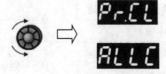

⑤按 (SET) 键，读取当前的设定值。
显示"0"。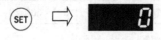

⑥旋转 🔴，将值设定为"1"。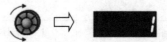

⑦按 (SET) 键设定。

闪烁，参数设定完成

备注：

设定值	内容
0	不执行清除
1	参数返回初始值［参数清除是将除了校正参数 C_1（Pr.901）～C_7（Pr.905）之外的参数全部恢复为初始值］

3. 基本参数功能

表 3-16　基本参数一览表

	参数号	名称	设定范围	最小设定单位	出厂设定	备注
基本功能	0	转矩提升	0～30%	0.1%	6%/4%/3%	
	1	上限频率	0～120Hz	0.01Hz	120Hz	
	2	下限频率	0～120Hz	0.01Hz	0Hz	
	3	基底频率	0～400Hz	0.01Hz	50Hz	按电机额定频率设定
	4	多段速度设定（高速）	0～400Hz	0.01Hz	60Hz	速度1
	5	多段速度设定（中速）	0～400Hz	0.01Hz	30Hz	速度2
	6	多段速度设定（低速）	0～400Hz	0.01Hz	10Hz	速度3
	7	加速时间	0～3 600s/0～360s	0.01s	5s	
	8	减速时间	0～3 600s/0～360s	0.01s	5s	
	9	电子过电流保护	0～500A	0.01A	额定输出电流	通常设定为50Hz时的额定电流
	20	加减速基准频率	1～400Hz	0.01Hz	50Hz	
	40	RUN键旋转方向选择	0、1	1	0	

（1）转矩提升（Pr.0）。

此参数主要用于设定电动机启动时的转矩大小，通过设定此参数，补偿电动机绕组上的电压降，改善电动机低速时的转矩性能，假定基底频率电压为100%，用百分数设定0时的电压值。设定过大，将导致电动机过热；设定过小，启动力矩不够，一般最大值设定为10%。图3-18是Pr.0参数示意图。

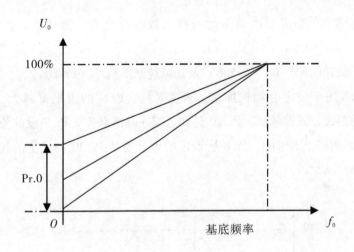

图 3 - 18　Pr. 0 参数

（2）上限频率（Pr. 1）、下限频率（Pr. 2）。

上限频率和下限频率是指变频器输出的最高、最低频率，常用 f_H 和 f_L 来表示。根据拖动系统所带的负载不同，有时要对电动机的最高、最低转速给予限制，以保证拖动系统的安全运行和产品的质量。另外，对于由操作面板的误操作及外部指令信号的误动作引起的频率过高和过低，设置上限频率和下限频率可起到保护作用。常用的方法就是给变频器的上限频率和下限频率赋值。当变频器的给定频率高于上限频率 f_H 或者低于下限频率 f_L 时，变频器的输出频率将被限制在上限频率或下限频率，如图 3 - 19 所示。

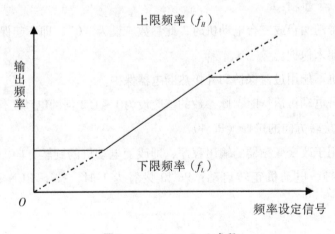

图 3 - 19　Pr. 1、Pr. 2 参数

（3）基底频率（Pr. 3）。

此参数主要用于调整变频器输出到电动机的额定值，当用标准电动机时，通常设定为电动机的额定频率；当需要电动机运行在工频电源与变频器切换时，设定与电源频率相同。

（4）加、减速时间（Pr. 7、Pr. 8）及加减速基准频率（Pr. 20）。

Pr. 7、Pr. 8用于设定电动机加速、减速时间，Pr. 7的值设得越大，加速时间越慢；Pr. 8的值设得越大，减速越慢。Pr. 20是加、减速基准频率，Pr. 7设的值就是从0加速到Pr. 20所设定的频率上的时间，Pr. 8所设定的值就是从Pr. 20所设定的频率减速到0的时间，如图3 – 20所示。

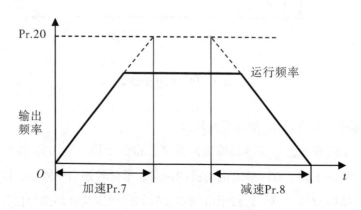

图3 – 20　Pr. 7、Pr. 8、Pr. 20 **参数**

（5）电子过流保护（Pr. 9）。

通过设定电子过流保护的电流值，可防止电动机过热，得到最优的保护性能。设定过流保护时要注意以下事项：

①当变频器带动两台或三台电动机时，此参数应设为"0"，即不起保护作用，每台电动机外接热继电器来保护。

②特殊电动机不能用过流保护和外接热断电器保护。

③当控制一台电动机运行时，此参数的值应设为1~1.2倍的电动机额定电流。

（6）RUN键旋转方向的选择（Pr. 40）。

此参数主要用于改变变频器的输出程序，即改变电动机的旋转方向。当Pr. 40设置为0时，按下RUN键，电动机正转启动；Pr. 40设置为1时，按下RUN键，电动机反转启动。

六、任务计划（决策）

经小组讨论后，制订出以下任务实施方案：

（1）将所要试验的参数填至表3 – 17。

表 3 – 17　试验参数

序号	参数号	名称	设定范围	出厂设定	试验设定值	备注

（2）写出参数设置调试步骤，填写表 3 – 18。

表 3 – 18　调试步骤

调试步骤	描述该步骤现象	教师审核

七、任务实施

（1）根据制订的任务方案领取实施任务所需要的工具及材料。

为了完成工作任务，每个工作小组需要向仓库工作人员借用工具及领取材料。

表3-19　借用工具清单

序号	名称	数量	规格	单位	借出时间	借用人签名	归还时间	归还人签名	管理员签名	备注

表3-20　领用材料清单

序号	名称	规格型号	单位	申领数量	实发数量	归还时间	归还人签名	管理员签名	备注

（2）任务实施前的相关检查。

表3-21　任务实施前的检查项目

检查项目	标准状态	当前状态	处理方法	教师审核
工作岛总电源	断开			
变频器主电路接线	良好			
各部件安装	牢固			
所需工具材料	齐全			

（3）根据任务要求进行调试。

经教师检查同意后，接通工作岛电源，并进行调试操作，操作时严格遵守安全操作规则，结合任务要求、任务计划完成调试操作。

八、任务评价

（1）各小组派代表展示接线图和任务计划（利用投影仪），并解释工作过程。

（2）各小组派代表展示各个操作，接受全体同学的检阅，记录如下。

其他小组提出的建议：

（3）学生自我评价与总结。

（4）小组评价与总结。

（5）教师评价（根据各小组学生完成任务的表现，给予综合评价，同时给出该工作任务的正确答案供学生参考）。

（6）清洁保养及"6S"处理。

所有测试完毕后，检测工作台设备各种功能是否正常，关闭技能岛总电源，进行拆线，清点工具及实习材料，维护保养仪器设备，确保其在最佳状态下工作，并对工作岗位进行"6S"处理，归还所借的工具、量具和实习工件。

（7）评价表。

表 3-22　"应用变频器的基本参数控制传送带"任务评价表

班级：_____ 小组：_____ 姓名：_____		指导教师：_____ 日期：_____					
评价项目	评价标准	评价依据	评价方式			权重	得分小计
			学生自评（20%）	小组互评（30%）	教师评价（50%）		
职业素养	1. 遵守企业规章制度、劳动纪律 2. 按时按质完成工作任务 3. 积极主动承担工作任务，勤学好问 4. 人身安全与设备安全 5. 工作岗位"6S"完成情况	1. 出勤 2. 工作态度 3. 劳动纪律 4. 团队协作精神				0.3	
专业能力	1. 掌握变频器的参数设置方法 2. 理解变频器基本参数的意义 3. 掌握变频器在不同参数设置下电动机的运行调试	1. 操作的准确性和规范性 2. 工作页或项目技术总结完成情况 3. 专业技能任务完成情况				0.5	
创新能力	1. 在任务完成过程中能提出有一定见解的方案 2. 在教学或生产管理上提出建议，应具有创新性	1. 方案的可行性及意义 2. 建议的可行性				0.2	
合计							

任务 ④　应用变频器的多段速控制传送带

一、任务名称

应用变频器的多段速控制传送带。

二、任务描述

　　三菱变频器的多段速运行共有 15 种运行速度，通过多段速参数设定、外部接线端子的控制，传送带可以运行在不同的速度上，如三段速、七段速等。学生通过完成本任务，实现传送带在以下三种或七种速度下运行的功能。

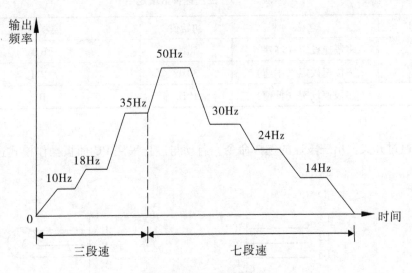

图 3 – 21　七段速度曲线

三、任务要求

　　（1）根据任务要求完成多段速的相关接线。

　　（2）正确设定变频器多段速及相关参数。

　　（3）输送带上分别实现三段速、七段速的控制。

　　（4）以小组为单位，在小组内通过分析、对比、讨论制订出最优的实施步骤方案，由小组长进行任务分工，完成变频器对传送带的多段速运行控制。

四、能力目标

（1）理解和掌握变频器三段速、七段速的参数设置。

（2）掌握变频器多段速的接线。

（3）掌握变频器三段速、七段速控制调试操作。

（4）培养创新改造、独立分析和综合决策的能力。

（5）培养团队协作、与人沟通和正确评价的能力。

五、任务准备

1. 变频器三段速的设定

变频器三段速的设定参数如表 3 - 23 所示。

表 3 - 23 三段速参数设定

参数号	名称	初始值	控制端子
Pr. 4	多段速设定（高速）	50Hz	RH
Pr. 5	多段速设定（中速）	30Hz	RM
Pr. 6	多段速设定（低速）	10Hz	RL

（1）通过开关发出三段速的选择命令，启动与停止采用 PU 面板操作模式进行，如图 3 - 22 所示。

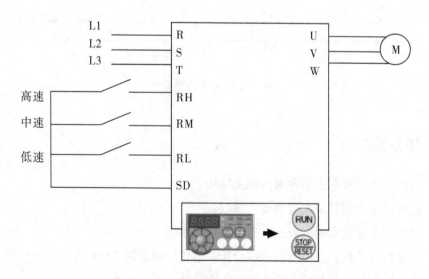

图 3 - 22 三段速操作"模式一"接线图

———————操作———————   ———————显示———————

①将 Pr. 79 变更为 "4"。

`79-4` `PRM PU EXT`

②按下 (RUN) 键，在没有频率指令的情况下，运行频率为 "0"。通过 Pr. 40 的设定，可以选择旋转方向。

(RUN) ⇨ `0.00 Hz RUN MON EXT`

③将低速信号（RL）置于 ON，输出频率随 Pr. 7 加速时间上升慢慢为 Pr. 6 所设置的频率值（初始值为 10 Hz）。

RL 置于 ON 时显示 50Hz。

RM 置于 ON 时显示 30Hz。

低速（RL）  ⇨ `10.00 Hz RUN MON EXT`

④将低速信号（RL）置于 OFF，输出频率随 Pr. 8 减速时间下降慢慢变为 0Hz。

低速（RL）  ⇨ `0.00 Hz RUN MON EXT`

⑤按下 (STOP/RESET) 键，RUN 灯灭。

(STOP/RESET) ⇨ `0.00 Hz MON EXT`

⑥以此类推，分别接通 RM、RH，将会得到对应的速度（频率值）。

（2）通过开关发出三段速的选择命令，启动与停止采用外部操作模式进行，如图 3－23所示。

181

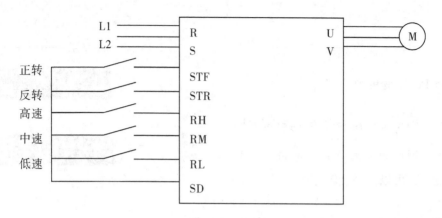

图 3 - 23　三段速操作"模式二"接线图

───────操作───────　　　　───────显示───────

①将变频器设置在外部操作模式下。

②将高速开关（RH）置于 ON。

③将启动开关（STF 或 STR）置于
ON，这时候显示为 50Hz。
RM 置于 ON 时显示 30Hz。
RL 置于 ON 时显示 10Hz。

④将启动开关（STF 或 STR）置于
OFF，电动机停止。

2. 变频器七段速的设定

变频器七段速的设定参数如表 3 - 24 所示。七段速对应的时间/频率曲线如图 3 - 24 所示。

表 3 - 24 七段速参数设定

参数号	名称	初始值	控制端子
Pr. 4	多段速设定（高速）	50Hz	RH
Pr. 5	多段速设定（中速）	30Hz	RM
Pr. 6	多段速设定（低速）	10Hz	RL
Pr. 24	多段速设定（4速）	9999	RL、RM
Pr. 25	多段速设定（5速）	9999	RL、RH
Pr. 26	多段速设定（6速）	9999	RM、RH
Pr. 27	多段速设定（7速）	9999	RL、RM、RH

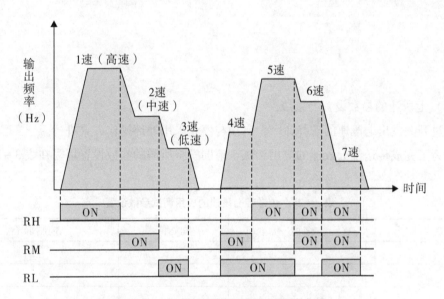

图 3 - 24 七段速所对应的时间/频率曲线

"操作与显示"与三段速类似，在此不做描述说明。

六、任务计划（决策）

经小组讨论后，制订出以下任务实施方案：

（1）三段速的参数设置与接线（PU 模式）。

通过开关发出三段速的选择命令，启动与停止采用 PU 面板操作模式进行。

①为了完成传送带三段速的应用调试，请同学将所需的参数设置填写在表 3 - 25。

表 3 − 25　传送带三段速的应用调试参数设置

参数号	名称	初始值	控制端子

②为了完成传送带三段速的应用调试，请同学画出接线图。

（2）七段速的参数设置与接线。

通过开关发出七段速的选择命令，启动与停止采用外部操作方式进行。

①为了完成传送带七段速的应用调试，请同学将所需的参数设置填写在表 3 − 26。

表 3 − 26　传送带七段速的应用调试参数设置

参数号	名称	初始值	控制端子

②为了完成传送带七段速的应用调试，请同学画出接线图。

③写出三段速、七段速调试运行步骤，填写在表 3 - 27 中。

表 3 - 27　三段速、七段速调试步骤

调试步骤	描述该步骤现象	教师审核

七、任务实施

（1）根据制订的任务方案领取实施任务所需要的工具及材料。

为完成工作任务，每个工作小组需要向仓库工作人员借用工具及领取材料。

表 3 - 28　借用工具清单

序号	名称	数量	规格	单位	借出时间	借用人签名	归还时间	归还人签名	管理员签名	备注

表 3 – 29　领用材料清单

序号	名称	规格型号	单位	申领数量	实发数量	归还时间	归还人签名	管理员签名	备注

（2）任务实施前的相关检查。

表 3 – 30　任务实施前的检查项目

检查项目	标准状态	当前状态	处理方法	教师审核
工作岛总电源	断开			
变频器主电路接线	良好			
各部件安装	牢固			
所需工具材料	齐全			

（3）根据任务控制要求进行调试。

经教师审阅同意后，接通工作岛电源，并进行调试操作，操作时严格遵守安全操作规则，结合任务要求、任务计划完成调试操作。

八、任务评价

（1）各小组派代表展示任务计划（利用投影仪），并分享任务实施经验。

（2）各小组派代表展示变频器控制传送带实现三段速、七段速的运行操作，接受全体同学的检阅，记录如下。

其他小组提出的建议:

（3）学生自我评价与总结。

（4）小组评价与总结。

（5）教师评价（根据各小组学生完成任务的表现，给予综合评价，同时给出该工作任务的正确答案供学生参考）。

（6）清洁保养及"6S"处理。

所有测试完毕后，检测工作台设备各种功能是否正常，关闭技能岛总电源，进行拆线，清点工具及实习材料，维护保养仪器设备，确保其在最佳状态下工作，并对工作岗位进行"6S"处理，归还所借的工具、量具和实习工件。

（7）评价表。

表 3-31 "应用变频器的多段速控制传送带"任务评价表

班级：_____ 小组：_____ 姓名：_____		指导教师：_____ 日期：_____					
评价项目	评价标准	评价依据	评价方式			权重	得分小计
			学生自评（20%）	小组互评（30%）	教师评价（50%）		
职业素养	1. 遵守企业规章制度、劳动纪律 2. 按时按质完成工作任务 3. 积极主动承担工作任务，勤学好问 4. 人身安全与设备安全 5. 工作岗位"6S"完成情况	1. 出勤 2. 工作态度 3. 劳动纪律 4. 团队协作精神				0.3	
专业能力	1. 根据任务要求完成多段速的相关接线 2. 正确设定变频器多段速及相关参数 3. 传送带上分别实现三段速、七段速的控制	1. 操作的准确性和规范性 2. 工作页或项目技术总结完成情况 3. 专业技能任务完成情况				0.5	
创新能力	1. 在任务完成过程中能提出有一定见解的方案 2. 在教学或生产管理上提出建议，应具有创新性	1. 方案的可行性及意义 2. 建议的可行性				0.2	
合计							

参考文献

［1］周惠文．可编程控制器原理与应用［M］．北京：电子工业出版社，2007．

［2］曹菁．三菱 PLC、触摸屏和变频器应用技术［M］．北京：机械工业出版社，2010．

［3］阮友德．任务引领型 PLC 应用技术教程［M］．北京：机械工业出版社，2013．

［4］刘建华，张静之．三菱 FX_{2N} 系列 PLC 应用技术［M］．北京：机械工业出版社，2010．

［5］李全利．PLC 运动控制技术应用设计与实践：三菱［M］．北京：机械工业出版社，2010．

［6］张运刚，宋小春，郭武强．从入门到精通——三菱 FX_{2N} PLC 技术与应用［M］．北京：人民邮电出版社，2007．

［7］肖明耀．可编程控制技术［M］．北京：中国劳动社会保障出版社，2004．

［8］钟肇新，范建东．可编程控制器原理及应用［M］．3 版．广州：华南理工大学出版社，2003．

［9］李道霖．电气控制与 PLC 原理及应用：西门子系列［M］．北京：电子工业出版社，2004．

［10］盖超会，阳胜峰．三菱 PLC 与变频器、触摸屏综合培训教材［M］．北京：中国电力出版社，2010．